高等学校规划教材

Linux 实用教程
（国产操作系统）

李卫刚　张之明　杨　斌　编著
孔耀美　邓光芒　李宝兴

U0166615

西北工业大学出版社
西安

【内容简介】 本书以国产操作系统为例,从实用性、易用性角度出发,全面、系统地介绍了 Linux 系统的基本概念、一般应用、简单原理、日常管理等方面内容,通过大量应用实例,循序渐进地引导读者进入 Linux 世界,学习 Linux 基本知识。全书共分 8 章,分别介绍了 Linux 系统的概念、系统的安装和启动、文件和目录、常用命令、系统管理、vi 编辑器和 Shell 程序设计以及常见服务配置、桌面环境等内容,本书附录附有常用命令的集合,便于用户查找使用。教材的每章结尾给出了针对性的思考题。另外,本书还单独提供了配套的实验教材,供教学参考。

本书可作为高等学校学生的教材,也可作为 Linux 系统爱好者、Linux 系统用户及管理员辅导或自学用书。

图书在版编目(CIP)数据

Linux 实用教程:国产操作系统/李卫刚等编著
. —西安:西北工业大学出版社,2022.10
ISBN 978 - 7 - 5612 - 8487 - 2

Ⅰ.①L… Ⅱ.①…李 Ⅲ.①Linux 操作系统-高等学校-教材 Ⅳ.①TP316.89

中国版本图书馆 CIP 数据核字(2022)第 192628 号

Linux SHIYONG JIAOCHENG（GUOCHAN CAOZUO XITONG）
Linux 实 用 教 程 （ 国 产 操 作 系 统 ）
李卫刚　张之明　杨斌　孔耀美　邓光芒　李宝兴　编著

责任编辑:华一瑾		策划编辑:华一瑾	
责任校对:李阿盟		装帧设计:李　飞	
出版发行:西北工业大学出版社			
通信地址:西安市友谊西路 127 号		邮编:710072	
电　　话:(029)88493844,88491757			
网　　址:www.nwpup.com			
印 刷 者:陕西向阳印务有限公司			
开　　本:787 mm×1 092 mm		1/16	
印　　张:10.25			
字　　数:256 千字			
版　　次:2022 年 10 月第 1 版		2022 年 10 月第 1 次印刷	
书　　号:ISBN 978 - 7 - 5612 - 8487 - 2			
定　　价:48.00 元			

如有印装问题请与出版社联系调换

前 言

　　Linux 系统是开源的操作系统,用户可以免费使用、修改和补充。国产操作系统是基于 Linux 内核的自主、可控操作系统。当前,信息安全作为国家战略的一部分,使用国产操作系统已迫在眉睫。究其原因:一方面国产操作系统凭借着其开放性和安全性等优势,广泛部署于各类服务器平台;另一方面随着国产操作系统的桌面和生态环境不断发展和完善,越来越多的用户选择国产操作系统作为日常办公和软件开发的系统平台。

　　麒麟 Linux 和统信 UOS 是国产操作系统的典型代表,它们为用户提供了一个安全、稳定、自由、开源的操作系统平台,并提供了良好的用户体验,使用户在计算机上便捷地使用 Linux 成为现实。

　　目前,我国很多高等院校的计算机相关专业都将 Linux 操作系统作为一门重要的专业课程,而麒麟 Linux 和统信 UOS 桌面系统已成为企业、事业各部门的首选。为了帮助高等院校教师能够比较全面、系统地讲解这门课程,使学生能够熟练地掌握 Linux 系统的配置管理、软件安装和使用以及网络配置等常用功能,我们几名长期在高等院校从事计算机专业教学的教师共同编写了这本书。

　　本书内容系统全面、实例丰富、结构清晰,在内容方面注意难点分散、循序渐进,在文字叙述方面注意言简意赅、重点突出,在实例选取方面注意具有实用性和针对性。

　　本书定位在对 Linux 基本知识、常用技术、一般原理、普通应用和管理的普及性讲解。本书通过大量的应用实例,循序渐进地引导读者学习 Linux 基础知识。

　　全书共分 8 章。第 1 章讲解操作系统概念和分类,介绍 Linux 操作系统历史、特点和常用版本以及国产操作系统。第 2 章以国产操作系统麒麟 KYLinOS 为例讲解 Linux 操作系统的安装过程,主要包括安装准备、引导方式、安装过程和启动过程,介绍 Linux 系统的登录模式以及注销、重启和关闭。第 3 章主要介绍 Linux 操作系统与 Shell 的关系,并详细介绍一般命令格式和一些简单、常用的命令以及 Shell 命令的高级操作。第 4 章主要介绍 Linux 文件与目录管理的含义及操作、目录结构、文件类型、文件权限和文件链接等内容。第 5 章介绍 Linux 系统管理的基本知识,主要包括用户和组管理、软件包管理及磁盘管理和进程管理。第 6 章重点介绍 vi 编辑器的启动、保存、退出以及切换工作方式等内容,并对 vi 编辑器建立、编辑、处理文件的操作方法进行详细的介绍,随后介绍 Shell 程序设计相关知识。第 7 章主要介绍 Linux 常见的网络服务,如防火墙、SSH、Web 服务器以及 FTP 服务器安装和配置相关知识。第 8 章介绍 Linux 两大常见桌面环境,以及国产操作系统麒麟和统信的桌面环境。

为了强化本书的实验环节,本书提供了上机实验指导教材,供教师和学生参考。

在编写本书的过程中得到了多位同事和西北工业大学出版社编辑的大力支持和帮助,在此表示衷心的感谢。本书由李卫刚、张之明、杨斌、孔耀美、邓光芒、李宝兴编写,参加校对的还有常瑞花、石福丽等人。

因水平有限,书中难免存在疏漏、欠妥甚至有误之处,恳请广大读者批评指正。

编著者

2022 年 7 月

目 录

第1章 Linux 操作系统概述

操作系统是当代计算机软件系统的核心,是计算机系统的基础和支撑,它管理和控制着计算机系统中的所有软、硬件资源,可以说操作系统是计算机系统的灵魂。从计算机用户的角度来说,计算机操作系统体现为其提供的各项服务;从程序员的角度来说,它主要是指用户登录的界面或者接口;从设计人员的角度来说,它是指各式各样模块和单元之间的联系。经过几十年的发展,计算机操作系统已经由一开始的简单控制循环体发展成为较为复杂的分布式操作系统,再加上计算机用户需求的愈发多样化,计算机操作系统已经成为既复杂又庞大的计算机软件系统。

Linux 是一套免费使用和自由传播的类 UNIX 操作系统,是一个多用户、多任务和支持多线程的操作系统。它能运行大部分 UNIX 工具软件、应用程序和网络协议。Linux 继承了 UNIX 以网络为核心的设计思想,是一个性能稳定的多用户网络操作系统。

本章主要介绍操作系统的作用和分类,Linux 操作系统的历史、特点和常用版本。

1.1 操作系统概述

操作系统(Operating System,OS)控制和管理着整个计算机系统的软、硬件资源,合理地组织、调度计算机的工作与资源分配,是为用户和其他软件提供接口与环境的程序集合。它是配置在计算机硬件上的第一层软件,是对硬件系统的第一次扩充,占据着整个计算机系统的核心地位。从 1945 年第一台计算机诞生至今,随着半导体技术的快速迭代,操作系统也经历了企业商用、个人计算机(Personal Computer,PC)、移动端三个阶段,诞生了诸如 UNIX、Linux、Windows、OS X、Android 等操作系统。随着 5G 网络通信技术的不断进步,未来信息产业将朝着云计算与物联网(Internet of Things,IoT)趋势发展,产能的爆发将为终端不同应用场景带来更多需求。

本书讲的操作系统针对的是个人计算机上的操作系统,是由一个或多个处理器、内存、主板、硬盘、键盘、鼠标、显示器、网络接口以及各种输入输出设备构成的计算机系统上安装的一层软件,这层软件通过响应用户输入的指令达到控制硬件的效果,从而满足用户的需求。

1.1.1 操作系统的作用

现代的操作系统已经进化成了功能完善且非常复杂的系统软件,它可以管理计算机的各种资源,协助完成各种复杂、烦琐的任务。一个现代的操作系统应该具备如下几个功能特性。

1. 用户界面

普通用户操作电脑是需要图形用户界面(Graphical User Interface,GUI)的,现代操作系统基本上都为用户提供了图形界面,如 Windows 操作系统的视窗系统,Linux 操作系统的 X Window 系统等。通常用户利用鼠标、窗口、菜单、图标、滚动条等图形用户界面工具可以方便、直观、灵活地使用计算机,这大大提高了工作效率。

2. 进程管理

进程是计算机进行资源管理以及调度的基本单位,是程序的执行实体。在现代操作系统中,进程管理是操作系统的功能之一,特别是在处理多任务的情形下,这是必要的功能。操作系统将资源分配给各个进程,使进程之间可以分享与交换信息,保护每个进程拥有的资源不被其他进程抢走,并且使进程间能够同步。为了达到这些要求,操作系统为每个进程分配了一个数据结构,用来描述进程的状态以及进程拥有的资源。操作系统可以通过这个数据结构来控制每个进程的运作。我们可以将一个进程看成是计算机正在进行的一项任务,可以想象一下:你打开了微信、word 文档、音乐软件,你想一边跟同事交流文档的内容应该如何写,一边在 word 文档敲下你的构思,同时你还播放着音乐。在这个过程中,计算机需要将微信的网络保持连接,持续收发微信的信息,随时保存你的 word 文档到磁盘上,解码音乐流并播放出来。这一系列程序运转可能让你产生一个假象:你以为它们是在同时运行的,但其实它们在同一时刻只有一个在运行,这就是形象化的进程管理和调度。

3. 内存管理

内存是计算机的重要资源,因为程序只有被加载到内存中才可以运行,CPU 所需要的程序与数据也都来自内存。内存的容量并不是无限制的,它受限于硬件和寻址位数。但是现代操作系统会让每一个进程都觉得自己在独占整个内存,这就是虚拟内存技术。进程的运行需要的分配内存和内存分配的快慢都与内存管理方式有着直接的关系。两个不同进程对应的内存区域是不能相互访问的,操作系统必须提供这样的保证,否则很容易出问题。比如:运行着的游戏如果可以被另外一个进程访问它的内存区域的话,那就可以直接将内存区域中的某个数值进行修改,如果将游戏中的玩家生命值变为无限,这样就成为对手怎么打都打不死的英雄。当然这是通过比较专业的手段来绕过操作系统的限制,这也从另外一个方面来说明,其实现在的操作系统安全性也是有很大提升空间的。操作系统的内存管理主要负责内存的分配与回收,以及地址转换(将逻辑地址转换成物理地址)。

4. 文件系统

文件系统与用户的关系更紧密,每个人日常在使用计算机的时候或多或少都会留下一些数据,这些数据通常会保留在磁盘里。磁盘如果不进行格式化的话,普通人是没法使用的。磁盘是一些布满磁性物质的盘片,在计算机的世界里数据是 0 和 1 组成的,对应在磁盘里体现为磁性的正负极,也就是说计算机的一个文本数据要保存到磁盘中,那就需要将文本数据的数字信号 0 和 1 通过磁盘翻译为磁性正负极并保存起来。

磁盘格式化的过程就是将文件系统架设到磁盘上,这样可以更好地管理磁盘的数据。可以将磁盘未格式化之前的数据看作是一堆杂乱无章散落在地上的书,而文件系统就是一个有编号排列顺序的书架,格式化的过程就是将这堆书一本本按照编号排列顺序放到书架上。这个比喻不太恰当,因为格化式操作通常来说会清掉数据,就相当于将书里面的字都清掉了,放到书架上的书里面都是空白页,所以格式化的时候请谨慎。

5. 网络通信

常见的网络通信场景有微信聊天、浏览网页、玩网络游戏等,可以说现在的操作系统如果不能上网就没了灵魂。整个网络通信其实是一套约定好的通信协议,简单地说,类似于我们军训时,当教官喊立正时我们做出相应动作,一个指令对应一个动作。由于网络比较复杂,所以可以通过分层来解决。不同于开放系统互联(Open System Interconnection,OSI)标准约定的 7 层协议,在实际应用中一般都是 5 层,分别对应的是应用层、传输层、网络层、链路层和物理层。常见的网络通信协议有 TCP/IP 协议、IPX/SPX 协议、NetBEUI 协议等。

6. 设备管理

计算机上有很多设备,比如 CPU、内存、网卡、声卡、显卡、硬盘等。那什么是设备管理?在计算机中除了 CPU 和内存,对于其他一切输入输出设备的管理统称为设备管理。

计算机中的设备分为输入和输出设备。以 CPU 为中心,凡是向 CPU 输送数据的设备统称为输入设备,例如鼠标、键盘、摄像头等;同样以 CPU 为中心,凡是从 CPU 获取数据的设备统称为输出设备,如显示器等。有些设备既是输入设备也是输出设备,比如网卡等。

设备管理主要功能包括设备缓冲区管理和设备分配及驱动管理等。

1.1.2 操作系统的分类

操作系统可以根据不同的方面进行分类,它分类的依据并不是唯一的。

根据内核结构的不同,操作系统可以分为宏内核、微内核操作系统。常见的 Linux 系统为典型的宏内核操作系统,华为公司的鸿蒙操作系统是基于微内核分布式操作系统。宏内核操作系统的性能比微内核操作系统略微占优。

根据用途可以将操作系统分为通用操作系统、嵌入式操作系统、专用操作系统。普通用户所用的计算机中所装的基本上都是通用操作系统,可以胜任比较常见的任务。嵌入式操作系统常见于物联网设备上,例如,共享充电宝、共享单车等。专用操作系统一般用于军事、工业、医疗等行业。

根据信号处理的实时性,操作系统可以分为实时操作系统和非实时操作系统。实时操作系统使计算机能在规定时间内,及时响应外部事件的请求,同时完成对该事件的处理,并能够控制所有实时设备和实时任务协调一致地工作。例如,飞行器的飞行自动控制系统,这类系统必须提供绝对保证,让某个特定的动作在规定的时间内完成。在实时操作系统的控制下,计算机系统接收到外部信号后及时进行处理,并且要在严格的时限内处理完接收的事件。实时操作系统的主要特点是及时性和可靠性。很明显,我们平常娱乐办公用的都是非实时的操作系统,对实时性要求并不高。其实,通用操作系统 Windows 和 Linux 都是由分时操作系统发展而来的,它们都支持多用户和多进程,负责管理众多的进程并为它们分配系统资源。分时操作系统的基本设计原则是:尽量缩短系统的平均响应时间并提高系统的吞吐率,在单位时间内为尽可能多的用户请求提供服务。

此外还有网络操作系统和分布式操作系统。网络操作系统把计算机网络中的各台计算机有机地结合起来,提供一种统一、经济而有效地使用各台计算机的方法,实现各台计算机之间互相传送数据。网络操作系统最主要的特点是网络中各种资源的共享以及各台计算机之间的通信。分布式操作系统是由多台计算机组成并满足下列条件的系统:系统中任意两台计算机通过通信方式交换信息;系统中的每一台计算机都具有同等的地位,即没有主机也没有从机;每台计算机上的资源为所有用户共享;系统中的任意若干台计算机都可以构成一个子系统,并且还能重构;任何工作都可以分布在几台计算机上,由它们并行工作、协同完成。分布式操作系统与网络操作系统本质上的不同之处在于分布式操作系统中,若干台计算机能够相互协同完成同一任务。

1.2　Linux 操作系统

1.2.1　Linux 的历史

在 20 世纪 70 年代,UNIX 系统是开源而且免费的。但是在 1979 年时,AT&T 公司宣布了对 UNIX 系统的商业化计划,随之开源软件业转变成了版权式软件产业,源代码被当作商业机密,成为专利产品,人们再也不能自由地享受科技成果。1984 年,Richard Stallman 面对如此封闭的软件创作环境,发起了 GNU 源代码开放计划并制定了著名的 GPL 许可协议。1987 年时,GNU 计划获得了一项重大突破——GCC 编译器发布,这使得程序员可以基于该编译器编写出属于自己的开源软件。随之,在 1991 年 10 月,芬兰赫尔辛基大学的在校生 Linus Torvalds 编写了一款名为 Linux 的操作系统,至今 Linus 和他的团队还在维护 Linux 内核代码。该系统因其较高的代码质量且基于 GNU GPL 许可协议的开放源代码特性,迅速得到了 GNU 计划和一大批黑客程序员的支持,随后 Linux 系统便进入了如火如荼的发展阶段。

目前我国的操作系统主要是以 Linux 为核心的操作系统,由于 Linux 操作系统源代码的开放性,从安全性到各方面均可通过技术手段进行改进以及时弥补不足。国内的操作系统也正因为大多是基于 Linux 内核的二次开发,缺乏统一的行业标准,致使在系统平台上软件的功能和数目无法与 Windows 相提并论,即使在技术层面上与 Windows 相差并不大,但是由于没有良好的市场环境做支撑,致使普及率不高,个人用户使用较少。现如今,在美国对高新技术产品进行出口限制的大背景下,从国家层面到个人用户对微软公司的 Windows 系统产生了过于依赖的忧虑。在微软断供华为公司笔记本电脑操作系统事件的驱动下,国产深度等几家长期从事国产操作系统研发的公司联合推出了 UOS 操作系统。由国防科技大学、中软公司、联想公司等合作开发的以安全可信操作系统技术为核心的麒麟操作系统,现已形成以服务器操作系统、桌面操作系统、嵌入式操作系统、麒麟云、操作系统增值产品为代表的产品线。

目前在国产操作系统厂商中,中标麒麟、银河麒麟、深度 Deepin、华为鸿蒙各有所长。在服务器领域,银河麒麟操作系统 V10 应用在政府大厅内的国产超级柜台自助服务终端中,而像普华、中兴新支点等操作系统在电子政务领域有着它们的身影。在金融方面,国产操作系统身影无处不在,中标麒麟可信操作系统 V6.0 正是为了满足银行安全防护领域的实际需求而研制的,银河麒麟操作系统也广泛使用在银行核心业务、售后服务领域;银行大厅的 ATM 机则是由中兴新支点操作系统所支持的。在航空航天领域,在某些核心的航天设备上已经完全实现了国产化,打破了国外操作系统在该领域一家独大的局面。

挑战与机遇并存,问题也是前进的动力。虽然目前国产操作系统面临困境——用户体验仍待提高、图形界面稳定性仍有缺点、硬件驱动仍需匹配、软件生态圈还需继续扩大以及专业软件的紧缺等诸多问题,但目前基本可以完全使用国产系统生活与办公。同时,正是上述诸多问题给国产芯片、国产软件带来了发展的机遇,也创造了万亿元人民币级的未来市场。

1.2.2　Linux 系统特点

Linux 系统是完全免费的操作系统,并且开放源代码,任何人都可以随意修改其源代码。Linux 系统支持多用户,各个用户对于自己的文件设备有自己特殊的权利,保证了各用户之间互不影响。多任务则是现代电脑最主要的一个特点,Linux 系统可以使多个程序同时并独立地运行。Linux 系统具备安全可靠、稳定性高和开源的特征,因此每个人都可以参与进入修补漏洞。大多数的开源软件的适配平台都首选 Linux 系统,因此在 Linux 平台上有许多免费又开源的软件工具供用户使用,并且 Linux 系统支持几乎所有的网络协议和开发语言。

Linux 操作系统是在 UNIX 系统的基础上开发出来的,支持多用户、多任务、多线程、多CPU。Linux 开放源代码政策,基于这种平台的开发和使用不需要用户支付任何版权费用,是很多创业者的基石,也是一些保密机构采购的首选服务器操作系统。Linux 系统的优缺点和适用性可以罗列如下:

(1)优点:易于管理(强大的 Shell 命令操作,可以实现几乎任何事务),稳定性好(由于系统可定制,可以除去占用性能的图形化界面以及众多用不着的软件,只选择需要的功能进行安装和使用,很大限度地减少了各个软件之间兼容、异常的风险,保障系统的稳定),开源软件众多且功能强大、优秀(例如 nginx、Apache 等),成本低(许多软件开源,只需要学习成本)。

(2)缺点:不易于操作(由于主要依靠命令来完成各种任务,所以学习成本高),软件不够丰富(开发者较少,基本只开发实用的软件,也就是实现服务器功能的软件)。

(3)适用性:小中大型企业皆可使用,特别是对于业务量大,安全稳定要求较高的企业,如 Web 网站。

1.2.3　Linux 常用版本

在介绍常见的 Linux 操作系统之前,首先要清楚 Linux 系统版本分为两类:内核版本和发行版本,同时需要区分这两个版本不同之处。

Linux 内核版本指的是一个由 Linus Torvalds 本人及其团队负责维护,提供硬件抽象层、硬盘及文件系统控制及多任务功能的系统核心程序。

内核版本号由 A、B、C 三个字母组成。

(1)A:内核主版本号,有重大改变才会变。

(2)B:内核次版本号,偶数代表稳定版,奇数代表开发版。

(3)C:内核修订版本号,轻微修改,安全补丁,bug 修复等。

严格来讲,Linux 这个词本身只表示 Linux 内核,但实际上人们已经习惯了用 Linux 来形容整个基于 Linux 内核的操作系统。

Linux 系统的发行版是以 Linux 内核为中心,再集成搭配各种各样的系统管理软件或应用工具软件组成的一套完整操作系统。代表的发行版有 Ubuntu、RedHat、CentOS、Debian、Fedora、SuSE、OpenSUSE 和 Arch Linux 等。

Linux 系统的发行版本可以大体分为两类:

(1)商业公司维护的发行版本:以 RedHat(REHL)为代表。

(2)社区组织维护的发行版本:以 Debian 为代表。

目前主流的 Linux 系统发行版大体可以分为两类:一类简称为 RPM 系,另一类简称为 DEB 系,如图 1-1 所示。其中,RPM 系是以 Redhat 为代表,其主导发行的版本包括以下几个。

(1)服务器商业版:RedHat Enterprise Linux。

(2)服务器社区版:CentOS。

(3)社区版:Fedora。

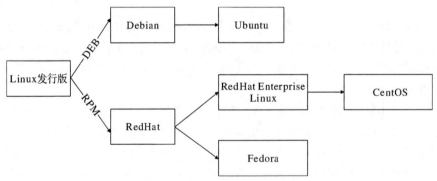

图 1-1 Linux 发行版两大分支

DEB 系以 Debian 为代表,Debian 是纯社区运作。官方支持多种 CPU 架构(x86、arm、mips、ppc 等)。Debian 的著名衍生版 Ubuntu 由商业公司运作,提供服务器社区版与桌面社区版,每半年发布一个版本,每年分别在 4 月和 10 月发布,每 2 年发一个 LTS 版(长期支持版,生命周期为 5 年)。UbuntuKylin 是 Ubuntu 社区中面向中文用户的 Ubuntu 衍生版本,中文名称为优麒麟。优麒麟有两个身份:首先它是 Ubuntu 的一个官方 Flavor 版本;其次,它背后也有国防科技大学和天津麒麟的支持,可以看作银河麒麟的社区版。国产操作系统基本上是基于上述主流的 Linux 发行版二次开发而来的。

查看 Linux 内核信息可用下面几个命令:

```
root@KYLinOS-VMware：~＃ cat /proc/version
Linux version 5.10.0-5-generic (buildd@localhost) (GCC (Ubuntu 9.3.0-10kylin2) 9.3.0，GNU ld
(GNU Binutils for Ubuntu) 2.34) ＃15~v10pro-KYLINOS SMP Tue Aug 3 03：55：56 UTC 2021
root@KYLinOS-VMware：~＃ uname -r
5.10.0-5-generic
root@KYLinOS-VMware：~＃ uname -a
LinuxKYLinOS-VMware 5.10.0-5-generic ＃15~v10pro-KYLINOS SMP Tue Aug 3 03：55：56 UTC
2021 x86_64 x86_64 x86_64 GNU/Linux
root@KYLinOS-VMware：~＃
```

Linux 发行版本是人们常说的 Linux 操作系统，即 Linux 内核与各种常用软件的集合产品。

1. 内核版本和发行版本的区别

（1）内核版本：免费的，它只是操作系统的核心，负责控制硬件、管理文件系统、程序进程等，并不给用户提供各种工具和应用软件。

（2）发行版本：不一定免费，除了操作系统核心外，还包含一套辅助的软件，例如：C/C＋＋编译器和库等。

2. 目前常见的 Linux 发行版本

全球大约有数百款的 Linux 系统版本，每个系统版本都有自己的特性和目标人群，下面从用户的角度选出最热门的几款进行介绍。

（1）CentOS：社区企业操作系统（Community Enterprise Operating System），通过把 RHEL 系统重新编译并发布给用户免费使用的 Linux 系统，具有广泛的使用人群。CentOS 是当前服务器端用得最多的 Linux 发行版本，当前已被红帽公司"收编"。

（2）Debian：稳定性、安全性强，提供了免费的基础支持，可以良好地支持各种硬件架构，以及提供近十万种不同的开源软件，在国外拥有很高的认可度和使用率。

（3）Ubuntu：是一款派生自 Debian 的操作系统，对新款硬件具有极强的兼容能力。Ubuntu 是极其出色的 Linux 桌面系统，而且 Ubuntu 也可用于服务器领域，是当前用户量最大的桌面 Linux 发行版。

（4）国产麒麟操作系统：主要面向通用和专用领域打造安全创新操作系统产品和相应解决方案，以安全可信操作系统技术为核心，现已形成以银河麒麟服务器操作系统、桌面操作系统、嵌入式操作系统、麒麟云、操作系统增值产品为代表的产品线。麒麟操作系统能全面支持飞腾、鲲鹏、龙芯等六款主流国产 CPU，在安全性、稳定性、易用性和系统整体性能等方面远超国内同类产品，实现国产操作系统的跨越式发展。

本书以其中的银河麒麟操作系统 V10 为例来介绍 Linux 系统基础知识，选择它是因为它解决了困扰国产操作系统已久的两个大问题：一是安全，二是生态。

银河麒麟操作系统 V10 是一款适配国产软硬件平台并深入优化和创新的简单易用、稳定高效、安全创新的新一代图形化桌面操作系统产品，不仅实现了同源支持六大平台，提供类似操作系统 Windows 7 风格的用户体验，操作简便、上手快速，而且在国产平台的功耗管理、内核锁及页拷贝、网络、VFS、NVME 等方面进行了优化,大幅提高了系统的稳定性和性能。其应用商店里提供精选数百款常用软件,同时兼容支持 2 000 余款安卓应用,极大地丰富了 Linux 系统的生态,充分适应了 5G 时代需求,打通手机、平板电脑、PC 等,实现了多端融合。

(5)国产统信 UOS 操作系统:基于 Linux 系统开发的,支持龙芯、飞腾、兆芯、海光、鲲鹏等芯片平台的笔记本、台式机、一体机和工作站,以及服务器。UOS 桌面操作系统以桌面应用场景为主,包含自主研发的桌面环境和近多款原创应用,能够满足用户的日常办公和娱乐需求,同源异构支持四种 CPU 架构(AMD64、ARM64、MIPS64、SW64),提供高效、简洁的人机交互,美观易用的桌面应用,安全稳定的系统服务。UOS 通过对硬件外设的适配支持,对应用软件的兼容和优化,以及对应用场景解决方案的构建,完全满足项目支撑、平台应用、应用开发和系统定制的需求,体现了当今 Linux 操作系统发展的最新水平。国产统信 UOS 操作系统提供了丰富的应用生态,用户可通过应用商店下载数百款应用,覆盖日常办公、通信交流、影音娱乐、设计开发等各种场景需求。UOS 操作系统将用户体验与设计美学结合,系统和应用界面均保持了界面的直观性、操作的即时性和便利性,以及活力的界面风格,并提供时尚模式、高效模式等多种桌面风格,以适应不同用户使用习惯。

 思考题

1. 简述操作系统的组成。
2. 简述 Linux 内核版本号的含义。
3. 列举五个以上的 Linux 发行版本。
4. 列举几个主流的国产操作系统。
5. 论述国产操作系统如何才能发展壮大。

第2章 Linux 系统安装、启动与关闭

要使用 Linux 操作系统,首先需要安装 Linux 系统,安装系统的方式分为图形安装方式和文本安装方式,其中图形安装方式最为简单。

本章以统信 UOS V20 和麒麟 KYLinOS 桌面版 V10 为例,介绍 Linux 操作系统基本硬件需求、安装准备、磁盘分区划分、系统安装以及登录、注销和退出的过程等。

2.1 Linux 操作系统安装准备

在安装 Linux 操作系统之前,先要对计算机硬件配置有一定了解,选择适合硬件规格的 Linux 发行版本,同时做好分区规划,具体准备工作如下。

2.1.1 操作系统软件的获取

操作系统安装包获取方式通常有以下这两种。

1. 免费从网上获取

目前各发行版的 Linux 操作系统软件(一般都是 ISO 镜像文件),都可以从网上免费下载。国产麒麟 KYLinOS 可以在其官网申请试用,填写简单表格提交后即可下载。统信操作系统在其官网下载自己所需的版本,软件下载到本地后可以刻录在光盘或 U 盘上再安装使用。下载时注意选择适合的版本,以统信 UOS 三个版本为例,个人使用可以下载个人版或者社区版,如果是用在专业领域,那么可以选择专业版。

(1)UOS 专业版。根据国人审美和习惯设计,美观易用、自主自研、安全可靠,拥有高稳定性,丰富的硬件、外设和软件兼容性,广泛的应用生态支持,兼容国产主流处理器架构,可为党政军及各行业领域提供成熟的信息化解决方案。

(2)UOS 个人版(家庭版)。为个人用户提供界面美观、安全稳定的系统体验,兼容市面上大部分的硬件设备,同时支持双内核、系统备份还原等功能,应用生态丰富,并提供差异化的增值服务和技术支持。

(3)UOS 社区版。致力于服务全球 Deepin 用户,系统具有极高的易用性、优秀的交互体验、多款自研应用、全面的生态体系、高效的优化反馈机制,可为用户提供最好的 Linux 开源体验环境。

2. 购买正版发行的软件

可以购买官方提供的带操作系统软件的光盘或 U 盘,这样的安装光盘或 U 盘质量上有保证,而且价格一般也较低。

2.1.2 硬件配置要求

安装操作系统这一系统软件是需要硬件支持的,虽说 Linux 操作系统对硬件的配置要求不算高,但是对硬件兼容性还是有一定要求的,以下罗列了安装麒麟 KYLinOS 需要的硬件兼容性和最低配置要求。

1. 硬件兼容性

国产操作系统麒麟和统信基本上都支持四种 CPU 架构(AMD64、ARM64、MIPS64、SW64),安装时要注意操作系统要与 CPU 架构对应上,目前个人电脑使用的架构大多数都是 AMD64,手机上 CPU 的架构一般都是 ARM64,如果要选择国产电脑,注意区分架构。

2. 最低配置要求

(1)CPU 频率:2 GHz 以上。

(2)内存:至少 2 GB 内存(RAM),4 GB 以上是达到更好性能的推荐值。

(3)硬盘:至少 25 GB 的空闲空间,有的操作系统要求空闲空间 64 GB 以上。

2.1.3 虚拟机软件的安装

初学者学习 Linux 操作系统,最便捷的办法是在虚拟机上进行安装,这样不仅方便在 Windows 操作系统和 Linux 操作系统之间进行切换,而且可以在虚拟机上模拟出多台计算机操作系统,比如安装多个 Linux 发行版本来比较它们的区别或者用来学习安装过程。待熟悉到一定程度后再单独去安装 Linux 操作系统,可以选择在现有的 Windows 系统上安装 Linux(这就是常见的双系统)或者弃用 Windows 直接安装使用 Linux 系统。虚拟机软件建议使用目前主流的 VMware Workstation。

1. VMware Workstation

VMware Workstation(简称 VMware)是一款功能非常强大的桌面虚拟计算机软件,它允许操作系统和应用程序在虚拟机内部运行。它可以在 VMware 的官方网站上直接下载 VMware,如图 2-1 所示。

2. 安装虚拟机

VMware 的安装和其他通用软件一样,整个过程比较简单,唯一的区别就是为了实现主机和虚拟机之间互相访问而建立了网络环境,安装成功后会在主机中生成两个虚拟网络连接,如图 2-2 所示的 VMnet1 和 VMnet8。要实现主机和虚拟机间的网络通信,用户可以在此配置,比如将主机和虚拟机设置在同一网段中。

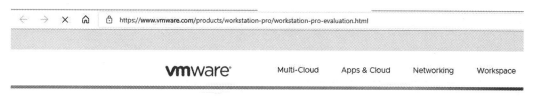

图 2-1　VMware 官网

图 2-2　安装 VMware 生成的两个虚拟网络连接

3. 创建虚拟机(在虚拟机软件上安装 Linux)

安装 VMware 后打开软件,可使用"创建新的虚拟机"来建立一个新的虚拟机系统,如图 2-3 所示。

在此之前用户要准备好将要安装的 Linux 镜像文件(.iso 文件),如图 2-4 所示,选择此文件后,可修改虚拟机名称和设置存放虚拟系统的文件目录位置,如图 2-5 所示,建议存放在非 C 盘(文件较大,同时可以复制到其他计算机上使用)。在"自定义硬件"(见图 2-6)里设置硬盘 40 GB(见图 2-7)、内存 2 GB(见图 2-8)以上,CPU 可参照物理 CPU 的实际参数进行设置,选择设置网络连接方式(后面单独说明),如图 2-9 所示。

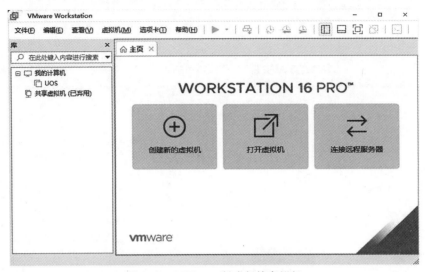

图 2-3　VMware 创建新的虚拟机

图 2-4　选择要安装的 Linux 镜像文件

图 2-5　选择要存放的位置

图 2-6　VMware 自定义硬件

图 2-7　VMware 设置硬盘大小

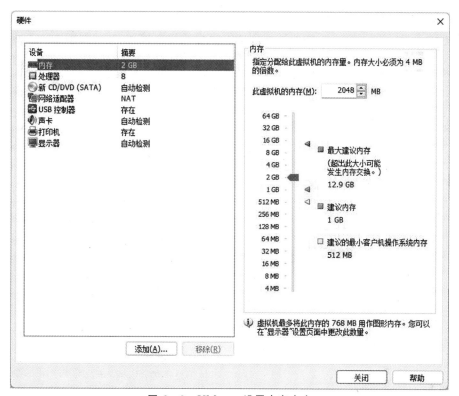

图 2 - 8　VMware 设置内存大小

图 2 - 9　VMware 设置网络连接方式

要注意的是，安装统信 UOSV 20 需要至少 64 GB 空间，若安装空间不够，则会有如图 2-10 所示的提示，无法进行下一步。需要返回到虚拟机设置里来扩展空间，如图 2-11 所示。

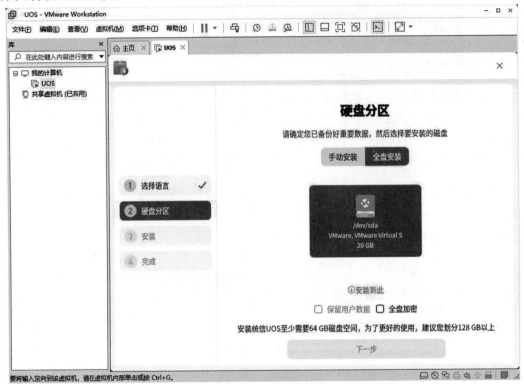

图 2-10　统信 UOSV 20 安装需要 64 GB 空间

图 2-11　VMware 扩展硬盘空间

VMware 网络连接三种方式：

(1)桥接模式。该模式下没有用到虚拟网卡，虚拟机会分配局域网中真实的网络地址、网关和子网掩码等，虚拟机和宿主机(真实物理机)在同一个网段中，两者处于平等地位，其关系类似于连接同一交换机的两个主机，可与该局域网中的其他主机互相访问。

(2)NAT 模式。该模式下使用 VMware Network Adapter VMnet8 虚拟网卡，由虚拟网卡 VMnet8 为虚拟机分配 IP、网关、DNS，虚拟机只能和宿主机之间进行相互通信，但是和仅主机模式不同的是，虚拟机能够访问该局域网中其他的主机，与 Bridged 模式不同的是，虚拟机不能被同一局域网中的其他主机访问。此模式下，真实机器相当于开启了 DHCP 功能的路由器，所谓 NAT 模式，就是让虚拟系统借助网络地址转换(Network Address Transtation,NAT)功能，通过宿主机器所在的网络来访问公网。

(3)仅主机模式。在此模式下，虚拟机的 TCP/IP 配置信息(如 IP 地址、网关地址、DNS 服务器等)，都是由 VMnet1(host-only)虚拟网络的 DHCP 服务器来动态分配的。虚拟机和宿主机是可以相互通信的，相当于这两台机器通过双绞线互连，但虚拟机和真实的网络是被隔离开的。

本书所有演示示例都来自 VMware 虚拟机运行的麒麟 KYLinOS V10 桌面版系统。

2.2　Linux 操作系统安装

2.2.1　Linux 操作系统的安装引导方式

常见安装方式是从以下两种介质进行引导的：

(1)光盘引导。光盘引导是以前安装操作系统最常用的引导方式(大多数情况下使用光盘引导，计算机本身会自带光驱)。

(2)USB 设备引导。从 USB 设备引导安装系统需要计算机 BIOS 支持从 USB 设备启动。目前 PC 机和服务器大多数都不配置光驱了，取而代之的是 USB 接口设备。随着 USB 设备数据传输速度越来越快，USB 接口的应用也越来越多，通过 U 盘安装系统便是典型应用，其不但成本低廉，而且快速、便捷，在大批量、大规模的系统安装中，使用 U 盘安装系统已经成为主流。

通过这两种方式安装 Linux 系统的前提是准备好 Linux 系统光盘或 U 盘。可以通过官网购买系统光盘或 U 盘，或者下载系统镜像文件后自行刻录成系统光盘。

2.2.2 麒麟 KYLinOS 安装过程

安装 KYLinOS 时,通过虚拟机或者光盘/U 盘引导系统启动后,会出现如图 2－12 所示提示内容。

图 2－12 麒麟 KYLinOS V10 的安装界面

可以选择"试用银河麒麟操作系统而不安装(T)"后再点击桌面的安装系统图标进行安装,或者在这里直接选择"安装银河麒麟操作系统(I)",如图 2－13 所示,输入用户名和密码,此用户名是系统登录的默认用户。

这里要注意的是每一个 Linux 操作系统都有一个拥有最大权限的用户(用户名是 root,被称为根用户)。出于安全的考虑,默认用户没有最大权限,但是根据需要可以随时切换到 root 用户使用最大权限。

点击"下一步"选择安装方式,如第一次安装可以选择全盘安装(见图 2－14),或者选择自定义安装(见图 2－15)。

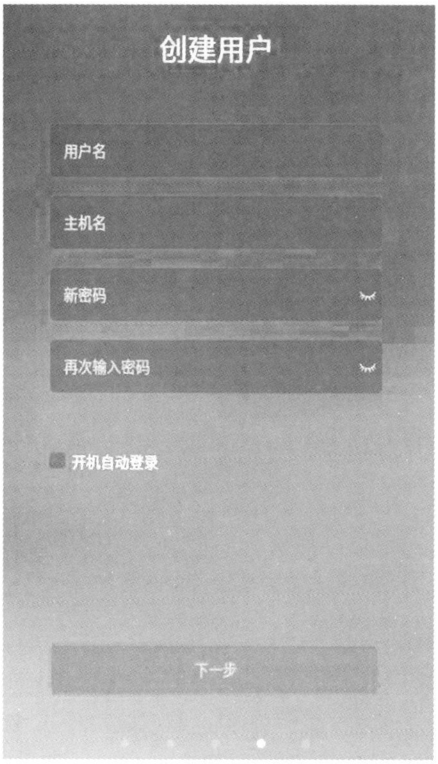

图 2-13　创建用户

图 2-14　选择安装方式(一)

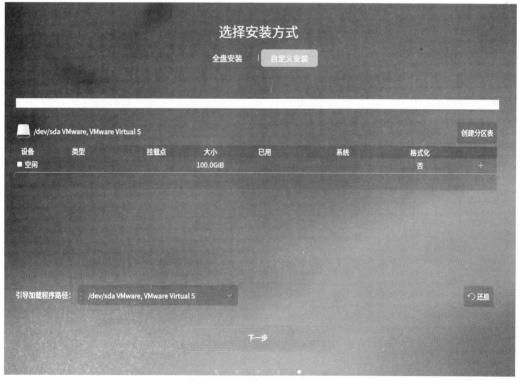

图 2-15　选择安装方式(二)

1.定义方案

合理的分区是系统稳定的基础。Linux 系统采用树形目录结构形式定义分区,安装系统时需要关注以下这几个目录:

(1)/,根目录分区。这是必不可少的分区,其实就算将整块硬盘只分一个区并挂载为"/"也是可以的。

(2)SWAP,交换分区。Linux 操作系统有个特殊的分区叫"交换分区(swap)",是用来处理系统中的页面交换文件的。这点也跟 Windows 不同,Windows 下的页面交换文件是一个名为 pagefile.sys 的文件,默认在 Windows 的系统盘目录下,Linux 操作系统对应交换文件的处理是以一个分区来处理的。一般情况下,若电脑的内存足够大,例如达到 4 GB 以上,并且不打算使用系统休眠功能,也可以不用设置交换分区。如果要创建一个这样的分区,其空间大小一般是物理内存的 1~2 倍。

(3)/boot,引导分区。它是用来存放与 Linux 操作系统启动有关的程序,比如启动引导装载程序等。Linux 操作系统内核随着时间的推移持续增长(主要是由于添加了硬件设备驱动程序),需分配的空间大小也可能会继续增长。

(4)/home,用户目录分区。这个分区主要用来存放系统登录用户的个人数据,例如用户的各种个人配置、文档、音频、视频、图片、下载的文件等,这个分区的大小取决于有多少用户。随着目前 Linux 操作系统的桌面应用发展,/home 就变成存储媒体中最占容量的目录。另外,额外分割出/home 有个最大的好处,当用户重新安装系统时,用户不需要特别去备份个人文件,只要在安装时,选择不要格式化这个分区,重新挂载为/home 就不会丢失数据。

(5)/usr,应用程序目录分区。它是用来存放 Linux 操作系统中的应用程序,其相关数据较多,建议大于 3 GB 以上。/home 和/usr 通常是最大的,因为所安装的数据都是在 /usr 下而用户数据是放在 /home 下的,因此一般分区都是把剩下的磁盘容量平分给这两个目录。

(6)/var,用来存放 Linux 操作系统中经常变化的数据以及日志文件。例如缓存(cache)或者是随时更改的日志文件(log file)。假如用户的计算机主要是提供网页服务,或者是 MySQL 数据库,那/var 会大量增加,用户最好能够把/var 额外分割出来。与/home 的概念类似,重新安装时,不要格式化,仍可保留原来的数据。

(7)/tmp,临时文件目录分区。程序运行时生成大量的临时文件存放在这个目录,任何用户都可以访问这个目录,因此需要定期清理。将临时盘放在独立的分区,可避免在文件系统被塞满时影响系统的稳定性。

2.分区方案

Linux 操作系统分区很灵活,没有固定的格式,可以根据自己的需要来定制自己的 Linux 分区,创建分区和分区类型的选择如图 2-16 和图 2-17 所示。以下给初学者提供以下三个分区方案,仅供参考。

(1)基本分区方案(分两个区)。

1)/:建议大小在 5 GB 以上。

2)swap :建议分区大小是物理内存的 1~2 倍。

(2)进阶分区方案(分四个区)。

1)/boot:建议大小为 800 MB 以上,不适宜太大,否则浪费。

2)/:建议大小为 5 GB 以上。

3)/home:建议大小为剩下的空间。

4)swap:建议大小是物理内存的 1~2 倍。

(3)高级分区方案(可以有多个分区,不局限于以下分区)。

1)/boot:建议大小为 800 MB 以上。

2)/usr :建议 3 GB 以上。

3)/var:建议 1 GB 以上。

4)/home:建议大小为剩下的空间。

5)/:建议 5 GB 以上。

6)/tmp :建议 500MB 以上。

7)swap:实现虚拟内存,建议大小是物理内存的 1~2 倍。

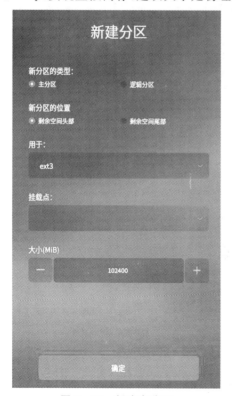

图 2-16　新建主分区

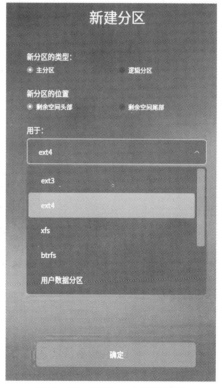

图 2-17　选择 ext4 文件系统

麒麟 KYLinOS V10 要求根分区最少 15 GB,/boot 分区 500 MB,如图 2-18 所示是在虚拟机上分区后情形。

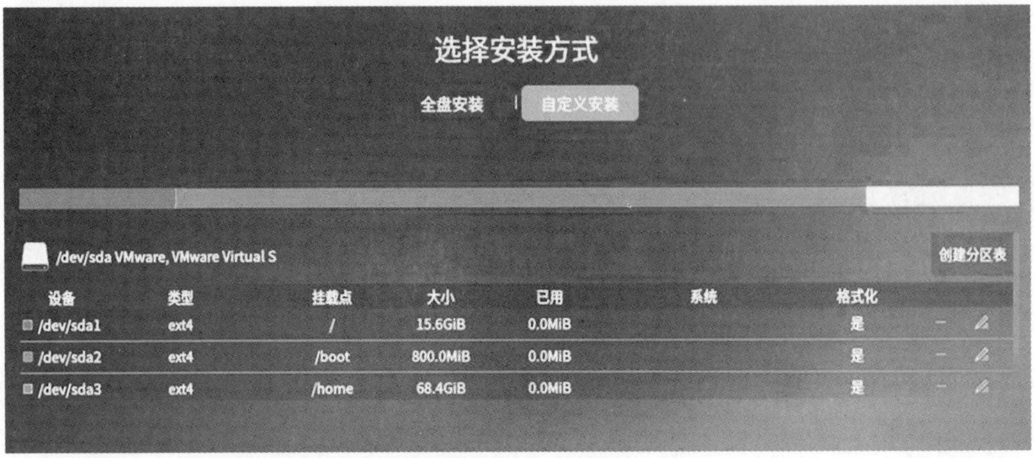

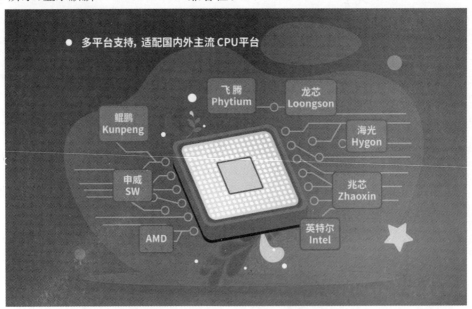

图 2-18 设置各分区大小及文件系统格式

后续安装就一直点击"下一步"即可,安装过程会通过图片介绍此操作系统的特点,如图 2-19 所示,显示麒麟 KYLinOS V10 兼容性。

图 2-19 麒麟 KYLinOS V10 兼容性

附:Linux 其他各个分区的作用

/bin

/usr/bin

/usr/local/bin 存放标准系统实用程序。

/srv 一些服务启动之后,这些服务所需要访问的数据目录,如 WWW 服务器需要的网页数据就可以放在/srv/www 中。

/etc 系统主要的设置文件几乎都放在这个目录内。

/lib

/usr/lib

/usr/local/lib 系统使用的函数库的目录。

/root 系统管理员的主目录。

/lost＋found 该目录在大多数情况下都是空的,但在突然停电或者非正常关机后,有些文件临时存在此处。

/dev 设备文件,在 Linux 系统上,任何设备都以文件形式存放在这个目录中,如硬盘设备文件,软驱、光驱设备文件等。

/mnt

/media 挂载目录,用来临时挂载别的文件系统或者别的硬件设备(如光驱、软驱)。

/opt 用于存储第三方软件的目录,不过我们还是习惯放在/usr/local 下。

/proc 此目录信息是在内存中由系统自行产生的,存储了一些当前的进程 ID 号和 CPU、内存的映射等,因为这个目录下的数据都在内存中,所以本身不占任何硬盘空间。

/sbin

/usr/sbin

/usr/local/sbin 存放一些系统管理员才会用到的执行命令。

/var/log 系统日志记录分区,如果设立了这一单独的分区,即使系统的日志文件出现了问题,它们也不会影响到操作系统的主分区。

关于硬盘分区的基本知识

硬盘分区是硬盘使用之前必须处理的工作。若将硬盘比作书房里的书架,那么分区就是给这个"书架"分"格子",其目的是便于分门别类地存放资料。而格子的多少是由实际需要和个人习惯来决定的,你甚至可以将整个书架只分一个格子,当然,最少也必须有一个格子。

1. 硬盘分区模式

(1)MBR(主引导记录)模式。这种模式是传统的硬盘分区模式,也是现在用得最多的模式,最大支持 2 TB 的硬盘容量。

(2)GPT(GUID 分区表)模式。这种模式是新型的硬盘分区模式,主要是为了突破硬盘的 2 TB 容量限制而出现的。最大支持 $1\,024\times1\,024$ TB 的硬盘容量。

2. MBR 分区类型

在这里重点介绍 MBR 分区模式,这种分区模式有三种分区类型:主分区、扩展分区和逻辑分区,另外还有个活动分区的概念。一块硬盘最多只能有 4 个主分区,扩展分区算是一个主分区,但其不是真正的分区,它是逻辑分区的容器,即扩展分区里可以划分出若干个逻辑分区;活动分区指的是用来启动系统的分区。

因此,若硬盘要划分的分区在 4 个或 4 个以下,则可以全部是主分区,也可以是 n(n<4)个主分区加 $4-n$ 个逻辑分区(放在扩展分区中);若分区超过 4 个,则最多只能有 3 个主分区,剩下的分区再在扩展分区中去划分逻辑分区。

3. Windows 分区表示方法

在 Windows 的文件系统中,用 26 个拉丁字母表示不同的分区,称之为"盘符"。其中"A、B"被分配给现在已经淘汰的软驱,因此其他存储设备的盘符从"C"开始。需要注意的是,尽管大多数情况下,分区的顺序及它们所分配到的盘符总是和字母的顺序相同,但这不是必然的;第一个分区大多数情况下是"C"盘,但也可以是其他字母。因此,要确认一个分区的位置,最好还是看看它是第几个分区,而不是看它的盘符。

4. Linux 分区表示方法

在 Linux 的文件系统中,没有盘符的概念,所有的分区都被"挂载"为一个"目录",这个目录看起来跟一般的目录没有什么区别,因此也无法据此来确认分区的位置。

要区分分区,需要搞清楚存储设备在系统中的信息。老式的 IDE 存储设备用"hd"表示,老式的 SCSI 存储设备和现在主流的 SATA 存储设备用"sd"表示,系统中的多个存储设备则按顺序用拉丁字母表示,如第一块 SATA 硬盘就表示为"sda",第二块 SATA 硬盘就表示为"sdb",而分区则按一定的顺序(注意:不一定是物理上的先后顺序)用数字表示,如 sda 的第一个分区就是"sda1",第二个分区就是"sda2"。不过,对于 MBR 模式的分区来说,若有逻辑分区,其数字总是从"5"开始的。

5. 分区的文件系统

"文件系统"指的是操作系统在存储设备上存储文件的格式,由"高级格式化"(一般就说是"格式化")操作来完成。不同的操作系统所采用的文件系统是不同的,比如 Windows 操作系统采用的是 FAT16、FAT32、NTFS 等格式,Linux 操作系统采用的是 Ext2、Ext3、Ext4 等格式。一般说来,不同的文件系统在不同的操作系统中支持是不一样的,比如较老的 Windows 98 就不能识别 NTFS 格式,所有的 Windows 操作系统都不能识别 Ext4 格式;不过现在的 Linux 已经能够全部或部分支持 FAT、NTFS 格式了。

2.3　麒麟 KYLinOS 系统的启动过程

Linux 系统启动时会显示一行行连续滚动的文本信息,它们告诉用户目前执行哪些进程、服务、设备等信息,用户可以通过了解启动每一行信息的意义,实时掌握系统的功能状态,判断系统是否正常运行,对于系统管理工作来说是相当重要的。

当我们打开计算机电源时,计算机会首先加载基本输入输出系统(Basic Input Output System,BIOS)。BIOS 程序一般被存放在主板 ROM(只读存储芯片)之中,即使在关机或掉电以后该程序也不会丢失。BIOS 中包含了 CPU、内存、硬盘等硬件的相关信息、设备启动顺序信息、时钟信息等等。系统通电启动后,主要是 BIOS 对硬件进行加电自检,对硬件进行检测。例如检查内存、硬盘、键盘是否插好等。然后读取硬盘中 MBR 的 BootLoader 自启动程序(Linux 下常用的自启动程序是 grub)。进入 grub 程序后,系统会出现多重启动菜单,如果计算机已经安装了其他操作系统,那么可以通过方向键选择要进入的系统,以上启动过程如图 2-20 所示。

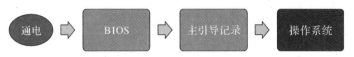

图 2-20　计算机加电后启动过程

　　主引导记录(Master Boot Record,MBR)是硬盘上磁道的第一个扇区,它的大小是 512 字节,前 446 字节存放的就是 grub 程序的一部分,里面却存放了预启动信息、分区表信息。
　　Boot Loader 就是在操作系统内核运行之前运行的一段小程序。通过这段小程序,可以初始化硬件设备、建立内存空间的映射图,从而将系统的软、硬件环境带到一个合适的状态,以便为最终调用操作系统内核做好一切准备。Boot Loader 有若干种,其中 grub、lilo 和 spfdisk 是常见的 Loader。系统读取内存中的 grub 配置信息,并依照此配置信息来启动不同的操作系统。

　　进入系统后操作系统会接管硬件,此时执行的过程一般分以下 6 个阶段(麒麟 KLinux 是基于 Debian 系列的,以下启动过程按照 Debian 系统展开介绍),如图 2-21 所示。
　　(1)加载内核。
　　(2)系统初始化。
　　(3)确定运行级别。
　　(4)加载开机启动程序。
　　(5)用户登录系统。
　　(6)进入 Login shell。

图 2-21　系统启动的 6 个阶段

　　加载内核是将内核 Kernel 加载在/boot 目录的过程,主要完成驱动硬件和加载 Kernel 中含有大量驱动程序以及启动 init 进程。内核加载完毕,会启动 Linux 操作系统第一个守护进程 init,然后通过该进程读取/etc/inittab 文件,/etc/inittab 文件的作用是设定 Linux 的运行等级。

Linux 操作系统常见运行级别如下:

0:系统停机状态,系统默认运行级别不能设为 0,否则不能正常启动。

1:单用户模式,root 权限,用于系统维护,禁止远程登录。

2:多用户模式,会启动网络功能,但不会启动 NFS,维护模式。

3:多用户模式,完全功能模式,文本界面,登录后默认进入控制台命令行模式。

4:系统未使用,保留。

5:多用户模式,完全功能模式,图形界面,登录后默认进入的图形模式。

6:系统正常关闭并重启,默认运行级别不能设为 6,否则不能正常启动。

可以根据这 7 个运行级别来进行切换,切换命令为:

查看当前运行级别 #runlevel

切换运行级别 #init[0 |1 |2 |3 |4 |5 |6]

读取完运行级别,Linux 操作系统执行的第一个用户层面的文件/etc/rc.d/rc.sysinit,该文件功能包括设定 PATH 运行变量、设定网络配置、启动 swap 分区、运行系统函数和配置 SeLinux 等。根据之前读取的运行级别,操作系统会运行 rc0.d 到 rc6.d 中的相应的脚本程序,来完成相应的初始化工作和启动相应的服务。7 个预设的"运行级别"各自有一个目录(/etc/rcN.d,N 表示 0~6 数字),存放需要开机启动的程序。这 7 个目录里列出的程序都为链接文件,如图 2-22 所示,指向另外一个目录 /etc/init.d,真正的启动脚本都统一放在这个目录中。

```
1  $ ls -l /etc/rc2.d
2
3  README
4  S01motd -> ../init.d/motd
5  S13rpcbind -> ../init.d/rpcbind
6  S14nfs-common -> ../init.d/nfs-common
7  S16binfmt-support -> ../init.d/binfmt-support
8  S16rsyslog -> ../init.d/rsyslog
9  S16sudo -> ../init.d/sudo
10 S17apache2 -> ../init.d/apache2
11 S18acpid -> ../init.d/acpid
```

图 2-22 /etc/rcN.d 目录里列出的程序

init 进程逐一加载开机启动程序,其实就是运行这个目录里的启动脚本。最后就是执行/bin/login 程序,启动到系统登录界面,操作系统等待用户输入用户名和密码,即可登录到 Shell 终端。输入用户名、密码即可登录 Linux 操作系统,至此 Linux 操作系统完整流程启动完毕,如图 2-23 所示。

图 2 - 23　麒麟 V10 启动后桌面

2.4　Linux 操作系统的登录

2.4.1　登录模式

通常登录 Linux 操作系统有以下三种模式。

1. 图形界面模式

图形界面(Graphical User Interface,GUI)也称为 X Window,用户利用鼠标、窗口、菜单、图标、滚动条等图形用户界面工具可以方便、直观、灵活地使用计算机,大大提高了工作效率。图形化窗口界面的一般图形界面包括 GNOME 和 KDE 桌面环境,和微软的 Windows系统的不同之处在于安装时可以选择使用哪个桌面环境,正确输入安装时所设置密码就进入了图形化窗口界面。

2. 文本模式(命令行模式)

系统启动时进入图形化界面还是文本模式,取决于设置的运行级别,如果将默认运行级别设置成了 3,启动后即可进入此模式或者登录图形界面模式后再进入此模式(后续介绍进入方式)。通过编辑/etc/inittab 文件,找到 id:initdefault:这一行,将它改为 id:3:initdefualt:后重新启动即可进入文本模式,进入字符界面的提示状态如图 2 - 24 所示。

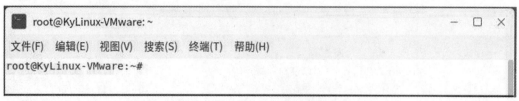

图 2-24 文本模式(字符界面)

3.SSH 模式

SSH(Secure Shell)是较可靠的、专为远程登录会话和其他网络服务提供安全性的协议,利用 SSH 协议可以有效防止远程管理过程中的信息泄露问题。Linux 操作系统一般作为服务器使用,通常使用 SSH 服务(指实现 SSH 协议的软件)通过 Windows 系统远程登录到 Linux 操作系统服务器来管理维护 Linux 操作系统。

常见的 SSH 软件有以下三个。

(1)Xshell:功能全面的免费版,集成了 ftp 功能,推荐使用。

(2)SecureCRT:收费版,功能全面。

(3)Putty:开源免费版,功能和菜单都相对简单,不支持 ftp。

如图 2-25 所示,在 Windows 上通过使用 putty 工具访问 Linux 操作系统,输入 IP 地址和用户名(root)和密码,即可远程访问 Linux 系统。

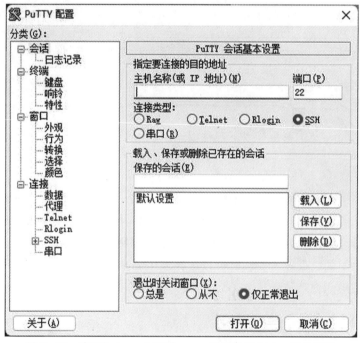

图 2-25 在 Windows 上通过 putty 工具访问 Linux 操作系统

2.4.2 模式切换

登录 Linux 操作系统后,可以在模式之间进行切换,切换方式如下。

1. 图形用户界面切换到文本模式

启动时进入图形界面，切换到文本模式（字符界面）：用 Ctrl＋Alt＋F1～Ctrl＋Alt＋F6，可切换到不同的字符控制台（只是六个字符控制台，此外没有区别），再使用 Ctrl＋Alt＋F7 可切换回图形界面（注：以上方法切换后，图形界面并没有关闭）。

2. 文本模式进入图形用户界面

启动时进入字符界面，切换到图形界面：使用命令 startx 或 init 5（注：startx 只是在原有运行级别 3 上加了图形界面，运行级别没变，而 init 5 则是切换到运行级别 5，因此要重新登录。可用 runlevel 命令查看当前运行级别和上一次运行级别）。

2.5　Linux 系统的注销、重启和关闭

注销是指当前用户退出登录状态，在命令行模式输入 logout 或 exit 命令，即可退出系统。当然也可以在图形桌面环境中注销、重启和关闭。

> 重新启动计算机使用 reboot 命令，一般只需要单独运行 reboot 命令就可以了。
>
> reboot 常用的参数如下：
>
> ・-f 参数：不依正常的程序运行关机，直接关闭系统并重新启动计算机。
>
> ・-I 参数：在重新启动之前关闭所有网络接口。
>
> shutdown 命令可以关闭所有程序，依照用户的需要，重新启动或关机。
>
> shutdown 参数说明如下：
>
> 立即关机：-h 参数让系统立即关机。
>
> ＃shutdown -h now ←要求系统立即关机
>
> 指定关机时间：time 参数可指定关机的时间，或设置多久时间后运行 shutdown 命令。
>
> ＃shutdown now ←立刻关机
>
> ＃shutdown ＋5 ← 5 分钟后关机
>
> ＃shutdown 10：30 ←在 10：30 时关机
>
> 关机后自动重启：-r 参数设置关机后重新启动。
>
> ＃shutdown -r now ←立刻关闭系统并重启
>
> ＃shutdown -r 23：59 ←指定在 23：59 时重启

思考题

1. 安装 Linux 系统之前，需要做哪些工作？

2. 麒麟 KYLinOS 系统的主要安装过程是什么？

3. 一块硬盘可以分几种类型的分区？各自可以有多少个？

4. 请说明下面命名的含义：/dev/hda3 /dev/sdb4。

5. Linux 系统关闭计算机有哪几种方式？

第3章 Linux 系统命令操作基础

使用命令行管理 Linux 系统是最基本和最重要的方式,尽管桌面环境发展迅速,到现在为止,很多重要的任务依然必须由命令行完成,而且执行相同的任务,由命令行来完成会比使用图形界面要简捷高效得多。使用命令行有两种方式,一种是在桌面环境中使用仿真终端,另一种是进入文本模式后登录到终端。

本章主要介绍 Linux 操作系统与 Shell 的关系,并详细介绍了一些简单命令,命令的一般格式和 Shell 命令高级操作等内容。

3.1 Linux 系统与 Shell 的关系

Linux 操作系统主要由两部分组成:内核和系统工具。内核是 Linux 系统的核心,所有直接与硬件通信的常规程序都集中在内核中,它控制和管理着计算机上的所有硬件和软件,从而进行任务调度、资源分配等,执行输入/输出、文件管理、内存管理和处理器管理等重要功能,起着承上启下的作用。系统工具是 Linux 操作系统保存在磁盘上的程序。当输入一个命令(请求程序执行)时,相应的程序就被调入内存。用户通过 Shell 与 Linux 操作系统通信,而依赖于硬件的操作是由内核管理的。

Shell 的原意是外壳,用来形容物体外部的架构。Linux 系统的 Shell 作为 Linux 操作系统的外壳,为用户提供了使用操作系统的接口。它是命令语言、命令解释程序及程序设计语言的统称。Linux 系统很多服务都是通过 Shell 脚本来启动的,通过查看这些脚本,用户可以了解服务的启动过程,从而为故障诊断和系统优化做好准备。

每种操作系统都有其特定的 Shell。DOS 的标准 Shell 是 command,Windows 的 Shell 是 explorer. exe。各主要 UNIX 类操作系统下默认的 Shell 为:AIX 默认的是 Korn Shell,Solaris 和 FreeBSD 默认的是 Bourne Shell,HP-UX 默认的是 POSIX Shell,Linux 系统的默认 Shell 是 Bash(Bourne Again Shell),也可以重新设定或切换到其他的 Shell。

初学者容易混淆 Shell 和命令行两个概念,一般来说,在一个用户登录后,系统将启动一个默认的 Shell 程序,可以看到 Shell 的提示符(管理员为"♯",普通用户为"＄"),在提示符后输入一串字符后,Shell 将对这一串字符进行解释,而输入的这一串字符就叫作命令行。尽管 Linux 系统的 GUI 的功能也很强大,但控制 Linux 系统的最有效的方法是使用命令行界面,命令行操作的运行不需要占用过多的系统资源,功能也十分强大,几乎所有 Linux 系统的操作都可以通过命令行来完成,在计算机远程管理和服务器环境操作中 Linux 系统命令行的优势尤其明显,熟练掌握 Linux 命令行操作是领会 Linux 系统精髓的必然途径。

3.2　Shell 类型

目前,Shell 是 UNIX/Linux 系统的标准组成部分,正如 UNIX 系统的版本众多一样,Shell 也产生了多个版本,经过多年的发展和完善,现在流行的主要有三种不同的 Shell,即 Shell Bourne Shell(简称为 sh)、C-Shell(简称为 csh)、Korn Shell(简称为 ksh)。

Bourne Shell 是 AT&T Bell 实验室的 Slephen Bowrne 为 UNIX 开发的,它是其他 Shell 的开发基础,也是各种 UNIX 系统上最常用、最基本的 Shell。C – Shell 是加州伯克利大学的 Bill Joy 为 BSD UNIX 开发的,它与 sh 不同,主要模拟 C 语言。Korn Shell 是 AT&T 实验室的 David Korn 开发的,它与 sh 兼容,但功能更强大。

在 Linux 系统上,通常预置了几种 Linux Shell,不同的 Shell 有不同的特性,有的利于创建脚本,有的利于管理进程,表 3 - 1 列出了 Linux 系统中常见的几种不同 Shell。

表 3 - 1　Linux Shell

常见 Shell 类型	描　述
ash	一种运行在内存受限环境中简单的轻量级 Shell,但与 bash Shell 完全兼容
korn	一种与 Bourne Shell 兼容的编程 Shell,但支持如关联数组和浮点运算等一些高级的编程特性
tcsh	一种将 C 语言中的一些元素引入到 Shell 脚本中的 Shell
zsh	一种结合了 bash、tcsh 和 korn 的特性,同时提供高级编程特性、共享历史文件和主题化提示符的高级 Shell
bash	最早的 UNIX shell,可以通过 help 命令来查看帮助。包含的功能几乎可以涵盖 shell 所具有的功能,因此一般的 shell 脚本都会指定它为执行路径

大多数 Linux 系统默认的 Shell 都是 bash Shell,bash 是 Bourne Again Shell 的缩写,它是由 Bourne Shell 发展而来的,Bash 与 sh 稍有不同,它还包含了 csh 和 ksh 的特色,但大多数脚本都可以不加修改地在 Bash 上运行。本书介绍的 Shell 即 Bash 版本的 Shell,其他 Shell 与之十分类似,读者可以举一反三,根据需要自学其他的 Shell。

Shell 主要有两个功能,除了作为命令解释器,还可以作为一种高级程序设计语言编写出代码简洁、功能强大的程序。在 Linux 系统命令中,Shell 都作为命令解释器出现,具体的功能为:它接收用户输入的命令,进行分析,创建子进程,由子进程实现命令所规定的功能,等子进程结束后,会发出提示符,这是 Shell 最常见的使用方式。它为用户提供了启动程序、管理文件以及运行进程的途径。Shell 的核心是命令行提示符。命令行提示符是 Shell 负责交互的部分。它允许用户输入文本命令,然后解释命令,并在内核中执行。Shell 包含了诸如复制文件、移动文件、重命名文件、显示和终止系统中正在运行的程序等操作命令，也可以将多个 Shell 命令放入文件中作为程序执行，这个程序文件被称作 Shell 脚本。

查看当前正在使用的 Shell 版本，可以通过执行 echo ＄SHELL 命令。

3.3　简　单　命　令

3.3.1　进入和退出命令行界面

通常，要使用 Linux 系统命令，首先要进入命令行界面，有以下三种方法。

（1）在常用桌面系统环境下，利用终端程序进入传统命令行操作界面。具体而言，可以在系统主菜单中选择"开始""系统终端"；或者直接双击面板"系统终端"图标；或者在桌面空白处点击右键，在下拉选项里选择"打开终端"。

（2）快捷键法。按快捷键 Ctrl＋Alt＋T，或者 Ctrl＋Alt＋（F1～F6），也可以打开终端窗口进入命令行。不同的 Linux 发行版中，快捷键可能会不一致。因此使用之前，可以先测试一下自己使用的发行版用的是哪种快捷键。

（3）可以直接搜索终端，进入命令行。

命令行界面如图 3－1 所示。

图 3－1　命令行界面

退出终端程序，点击窗口的关闭按钮，或者在 Shell 提示符下输入 exit 命令，或者通过快捷键 Ctrl＋D 即可退出终端。

3.3.2　快捷操作方式

在开始学习 Linux 系统命令之前，先介绍部分快捷操作方式，熟练使用快捷键操作，可以节省很多时间，更加高效地使用 Shell，表 3－2 列出了常用的快捷键功能表。

表 3－2　Linux 系统快捷键及其功能

快捷键	描　述
tab	输入任何命令、文件名、目录的部分字符，按 tab 键，将自动补全输入内容，显示全部可能的结果
方向键 ↑ ↓	调取过往执行过的 Linux 命令
Ctrl ＋ L/l	清除屏幕，并将当前行移到页面顶部
Ctrl ＋ C/c	中止当前正在执行的命令

续 表

快捷键	描　述
Ctrl ＋ A/a	快速移动光标,移动到命令行首
Ctrl ＋E/e	快速移动光标,移动到命令行尾
Ctrl＋Alt＋T/t	打开 Shell 会话
Ctrl ＋ D/t	关闭 Shell 会话
Ctrl ＋ R/r	用于查找使用过的命令
Ctrl ＋ U/u	剪切光标前的内容
Ctrl ＋ K/k	剪切光标至行末的内容
Ctrl＋Y/y	粘贴 Ctrl ＋ u 或 Ctrl ＋ k 的内容

3.3.3　简单命令

下面介绍一些常用的简单命令,这些命令可以只输入命令名,不加选项或参数,按回车键就可以执行。

1. pwd 命令

pwd 命令的功能是显示当前工作的全路径(绝对路径)。例如,在系统登录后可在 Shell 命令行输入:

root@KYLinOS-VMware:～＃ pwd

/root(此处为命令运行后屏幕显示的结果)

表明当前工作的目录是用户 root 的主目录/root。Shell 提示符"＃"表示该是用户是 root 用户(普通用户这里会显示"＄"),"＃"前面的字符串"root@KYLinOS-VMware:～"中"～"表示当前目录为用户主目录,如果处于其他目录则显示目录名。"@"前面的"root"表示用户名,"@"后面的"KYLinOS－VMware"表示主机名,在不同时候、不同环境中所用的工作目录会有很大的差异,因此由 pwd 命令显示的结果就因具体情况而异。初学者请注意:在所有命令行字符串的结尾都要输入回车(Enter)键,系统才对该命令加以接收、分析、执行。因此在以下命令行示例都省去 Enter 作为默认方式,在实际上机操作时必须在输入的命令行之后按下 Enter 键。

2. date 命令

date 命令的功能是显示系统当前的日期和时间。例如:

＃date

2022 年 05 月 20 日 星期二 19:19:37 CST

日期是 2022 年 5 月 20 日,时间是 19 时 19 分 37 秒。

3. who 命令

who 命令的功能是显示当前已登录到系统的所有用户名,及其终端名和登录到系统的时间。例如：

```
# who
islivi     tty7          2022-05-11 11:14（:0)
root       tty1          2022-05-12 08:13
```

表明目前有两个用户在系统中,root 用户使用 tty1 终端,登录时间是 5 月 12 日;islivi 用户使用 tty7 终端,登录时间是 5 月 11 日。

4. cal 命令

cal 命令的功能是显示日历。它可以显示公元 1—9999 年中任意一年或任意一个月的日历。可以不带任何参数直接使用该命令：

```
# cal
五月 2022
日 一 二 三 四 五 六
1 2 3 4 5 6 7
8 9 10 11 12 13 14
15 16 17 18 19 20 21
22 23 24 25 26 27 28
29 30 31
```

从中可以看出,如果 cal 参数直接使用则显示本月的日历。在 cal 命令之后可以有一个表示年份的数字,指定显示某一年全年的日历如 cal 2022,也可以再加上月份如 cal 5 2022,将显示 2022 年 5 月份的日历。

5. uname 命令

uname 命令查看当前操作系统的信息,它可带多个选项。

常用选项有：
- -r 显示发行版本号;
- -m 显示所用机器类型;
- -i 显示所需硬件平台;
- -v 显示操作系统版本。

```
# uname
Linux
# unamer -r
5.10.0-5-generic
# uname -i
x86_64
# uname -v
#15~v10pro-KYLINOS SMP Tue Aug 3 03:55:56 UTC 2021
```

6. wc 命令

wc 命令用来统计给定文件的行数、字数和字符数,其格式为:

wc[-lw][-c]文件名

选项含义为:1 为统计行数、w 为统计字数、c 为统计字节数。如果没有给出文件名,则读取标准输入。

♯ wc filel

34 43 4075filel

输出的列的顺序和数目固定不变,分别为行数、字数、字节数和文件名。

♯ wc -w filel

403filel

7. clear 命令

clear 命令用于清屏。

3.4　Shell 命令的操作基础

Shell 命令是使用 Linux 操作系统的最常用方式,用户需要熟练掌握常用的 Shell 命令,可以实现高效地管理 Linux 系统。

3.4.1　Shell 命令的一般格式

前面介绍的几个简单命令,只要在命令提示符后面输入命令名,然后按回车键就可以执行。其实大多数命令的命令行还需要选项和参数。命令行中输入的第一个字必须是一个命令的名字,第二个字是命令的选项或参数,命令行中的每个字必须由空格或 Tab 隔开,其格式如下:

命令名称[选项][参数]

选项是一种标志,常用来扩展命令的特性或功能。[选项]的方括号表示语法上选项可有可无。选项往往包括一个或多个英文字母,在字母前面有一个减号(减号是必要的,Linux 用它来区别选项和参数)。例如没有选项的 ls 命令,可列出目录中所有文件,但只列出各个文件的名字,而不显示其他更多的信息。而 ls - l 命令可以列出包含文件大小、权限、修改日期等更多信息的文件或文件夹列表。

有时也可以把几种表示不同含义的选项字母组合在一起对命令发生作用,例如:

$ ls -la

大多数命令都可以接纳参数。参数是在命令行中的选项之后输入的一个或多个单词,例如,ls -1 /tmp 显示 tmp 目录下的所有文件及其信息。其结果与先进入 tmp 文件夹再执行 ls -1 的结果一致。

有一些命令可能会限制参数的数目。例如,cp 命令至少需要两个参数:

♯ cp oldfile newfile

在命令行中,选项要先于参数输入。在一个命令行中还可以置入多个命令,用分号";"将各个命令隔开,例如:

♯date;who;pwd

2022 年 05 月 09 日星期一 04:57:10 CST

islivi   tty7   2022-05-26 11:14 (:0)

root   tty1   2022-05-12 08:13

/home/islivi

3.4.2 在线帮助命令

用户需要掌握许多命令来使用 Linux 操作系统。为了方便用户,Linux 系统提供了功能强大的在线帮助命令——man 命令,可查找到相应命令的语法结构功能说明。另外,部分命令还列举了全称以及此命令操作后所影响的系统文件等信息。其格式如下:

man 命令名

例如:♯ man who

运行结果如图 3-2 所示。

```
WHO(1)                       User Commands                       WHO(1)

NAME
       who - show who is logged on

SYNOPSIS
       who [OPTION]... [ FILE | ARG1 ARG2 ]

DESCRIPTION
       Print information about users who are currently logged in.

       -a, --all
              same as -b -d --login -p -r -t -T -u

       -b, --boot
              time of last system boot

       -d, --dead
              print dead processes
```

图 3-2 man 命令运行结果

通常 man 显示命令帮助的格式包含以下 4 部分。

(1)NAME 命令名称。

(2)SYNOPSIS 语法大纲。

(3)DESCRIPTION 描述说明。

(4)OPTIONS 选项。

除了这 4 部分以外,man 命包含示例以帮助用户进一步了解该命令的语法。man 在查询控制手册时给出了一些功能键设置,用于控制手册页滚动的主要按键如下:

(1)"空格键"显示手册页的下一屏。

（2）"回车键"一次滚动手册页的一行。

（3）"q 键"退出 man 命令。

除 man 命令外,有些命令可以用"--help"选项提供该命令的帮助信息("--"是两个减号,选项一般用一个,完整词用两个),用户还可以用 info 和 whatis 等命令查询一些命令的帮助信息。

3.4.3　与 Shell 有关的配置文件

在 Linux 操作系统中,有以下几个主要的与 Shell 有关的配置文件。

（1）/etc/profile 文件。这是系统最重要的 Shell 配置文件,也是用户登录系统最先检查的文件,系统的环境变量定义在此文件中,主要有 PATH、USER、LANG、MAIL、HOST-NAME、HISTSIZE 和 INPUTRC。

（2）～/. bash_profile 文件。每个用户的 BASH 环境配置文件,存在于用户的主目录中,在系统运行/etc/profile 后,将读取此文件的内容,此文件定义了 USERNAME\BASH-ENV 和 PATH 等环境变量,此处的 PATH 包括了用户自己定义的路径以及用户的"bin"路径。

（3）～/. bashrc 文件。此文件将在每次运行 Bash 时读取,它主要定义的是一些终端设置以及 Shell 提示符等环境变量。

（4）～/. bash_history 文件。记录了用户使用的历史命令。

3.5　Shell 命令的高级操作

Linux 系统除了提供丰富的 Shell 命令外,同时也提供了强大的 Shell 高级操作的扩展功能,这样不仅为用户使用 Shell 提供了方便,同时也丰富了 Shell 功能。

3.5.1　Shell 的命令补全

Linux 命令较多,有的较长,有时容易出错。其实在 Bash 中,用户使用命令或输入文件名时不需要输入完整信息,可以让系统来补全最符合的名称。如果有多个符合,则会显示所有与之匹配的命令或文件名。例如,用户首先输入命令的前几个字母,然后按 Tab 键,如果与输入字母匹配的仅有一个命令名或文件名,系统将自动补全,如果有多个与之匹配,系统将发出报警声音,如果再按一下 Tab 键系统将列出所有与之匹配命令或文件名从而方便用户操作。

例如：

```
# if        //先输入 if,再按 Tab 键,将发出声音表示有匹配
ififconfig   ifenslave      ifport ifuser
ifcfg        ifdown    ifnames        ifup
# ifconfig//选择所需要的 ifconfig 命令,此命令显示网卡配置。
```

3.5.2　Shell 的历史命令

用户在命令行操作中输入的所有命令,系统都会将其自动保存到用户宿主目录下的一个文件中(～/bash_history),保存命令的多少取决于用户环境变量中的 HISTSIZE 的值。输入命令时,用可以通过方向键的上下箭头来选择最近使用过的命令,即可完成自动输入历史命令。还可以在提示符下输入 history 命令查看所有历史命令。例如:

♯ history|more

运行结果如下:

…

```
80cal 2022
81   clear
82   getconf LONG_BIT
83   lsb_release -a
84   cat /etc/issue
85   uname -a
86   ulimit -a
87   grep MemTotal   /proc/meminfo
88   grep SwapTotal /proc/meminfo
89   free
90   df -h /mount_point/dir_name
91   java
92   chkconfig -list
```

…

若执行以前历史命令列表中的某一个命令,则执行"! n",n 为历史命令列表中的编号,如执行上例中的 44 编号的历史命令:

```
♯ ! 81
date
五 5 月 802:14:41 CST 2022
```

3.5.3　Shell 的重定向

输入输出重定向(I/O Redirection)可以让用户从文件输入命令,或将输出结果存储在文件及设备中,输入(键盘)输出(显示器)设备式。其输定向符号有">"和">>",">>"叫作重定向附加,而输入重定向符号为"<"。另外,还有错误重定向输出"2>",可以把命令行出错的信息保存到指定的文件中去。下面为一个重定向的例子。

">"将输入的信息直接写入,">>"将输入的信息以追加的方式写入。例如:

```
♯1s
examlpe.c   ml.c   m2.c   m3.c
```

#ls＞ test//把当前目录清单信息写入 test 文件中

cat test

examlpe. c m1. c m2. c m3. c

#cal ＞＞ test//把当月日历信息附加到 test 文件后

cat test//查看处理后的 test 文件内容

examlpe. c ml. c m2. c m3. c

五月 2022

日　一　二　三　四　五　六

1 2 3 4 5 6 7

8 9 10 11 12 13 14

15 16 17 18 19 20 21

22 23 24 25 26 27 28

29 30 31

3.5.4　Shell 的管道操作

用管道线"|"可以将多个简单的命令集合在一起,用以完成较复杂的功能。管道线"|"前面命令的输出是其后面命令的输入,其格式为:

#cal |wc

8　　　40　　199

如果把"cal | wc"的输出作为另一个管道线后面命令的输入,进行 wc 命令的信息统计,其示例如下:

#cal |wc | wc

1　　　3　　24

对照以上两个示例比较统计的结果。

思考题

1.简述 Linux 系统常见的几种 Shell 及其特点。

2.使用 ls - l 命令查看文件属性,并进行分析。

3.说明下列命令的功能:

date,cp,pwd,rm,who,cat,more

4.公元 2022 年元旦是星期几,用命令显示出来。

5.将文件 file1 的前 20 行和 file2 的后 15 行合并成一个文件,用命令实现。

第4章 文件与目录管理

文件系统是操作系统的系统结构重要组成部分,也是用户和计算机系统打交道的最直接的载体,用户使用计算机时经常执行文件相关的操作,例如创建、读取、修改及执行文件。因此,用户需要掌握 Linux 系统文件系统的基本知识和操作方法。

本章主要介绍 Linux 系统文件与目录管理的含义及操作、目录结构、文件类型、文件权限和文件链接等内容。

4.1 Linux 文件系统

Linux 系统以文件的形式对计算机中的数据和硬件资源进行管理,也就是彻底的"一切皆文件",反映在 Linux 的文件类型上就是这几类:普通文件、目录文件(文件夹)、设备文件、链接文件、管道文件、套接字文件(数据通信的接口)等。这些种类繁多的文件被 Linux 使用目录树进行管理,所谓的目录树就是以根目录(/)为主,向下呈现分支状的一种文件结构。

文件系统是学习 Linux 系统的基础知识,也是必备知识。Linux 系统支持的文件系统非常多,默认的文件系统包括 Ext2、Ext3、Ext4 等,除此之外,Linux 系统还可以通过挂载的方式支持 FAT16、FAT32、NTFS 等 Windows 文件系统。

Linux 文件系统包括 Linux 磁盘分区、挂载基本原理、文件存储结构、软/硬链接和常见目录。

4.1.1 磁盘分区

对于 Linux 系统,发行版本之间的差别很少,差别主要表现在系统管理的特色工具以及软件包管理方式的不同,目录结构基本上都是一样的。Linux 系统对不同目录进行分区,将不同资料存放在不同分区,不仅提高了文件搜索效率,而且有效降低了系统风险。

每次安装系统的时候我们都会进行分区,磁盘分区是硬盘结合到 Linux 文件系统的过程,其本质是将物理意义上的硬盘转换成逻辑意义上的分区,为下一步格式化做准备,格式化的过程就是建立文件系统的过程,将磁盘分区格式化成具体的文件系统并交给虚拟文件系统(Virtual File System,VFS)进行管理。

Linux 系统下磁盘分区和目录的关系如图 4－1 所示，主要包括以下几层含义。

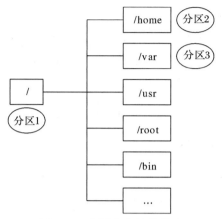

图 4－1　目录和分区的关系

（1）所有的分区都必须挂载到某个目录上。

（2）目录是逻辑上的区分，分区是物理上的区分。

（3）磁盘 Linux 分区必须挂载到目录树中的某个具体的目录上才能进行读写操作。

（4）根目录是所有 Linux 系统的文件和目录的根，需要挂载到一个磁盘分区。

Linux 系统下磁盘文件系统的挂载与卸载以及磁盘操作常用命令及用法在下一章详细讲解。

4.1.2　文件类型

Linux 系统的文件类型有很多种，这里重点讲解以下几种。

（1）普通文件（－）：也称为常规文件，分为文本文件（也称 ASCII 文件）和二进制文件，如 xml 文件、db 文件等，如果要查看一个常规文件的类型可以使用 file 命令 。

（2）目录文件（d，directory file）：以目录形式存在。

（3）链接文件（l，symbolic link）：即符号链接文件，也称为软链接文件，指向同一个文件或目录的文件。

（4）块设备文件（b，block）：如硬盘，支持以 block 为单位进行随机访问。

（5）套接字文件（s，socket）：用于实现两个进程间网络通信，也可用于本机之间的非网络通信。

通常情况下，可以使用 ls -l、file、stat 几个命令查看文件类型等相关信息。

Linux 系统的文件是没有所谓的扩展名的，一个 Linux 文件能不能被执行与它是否可执行的属性有关，只要文件的权限中有可执行权限（属性中含 x），比如"-rwxrwxrwx"（执行命令 ls -l 后第一个字段的内容）就代表这个文件可以被执行，与文件名没有关系。不过，可以被执行跟可以执行成功不一样。比如文件 file.log 是一个文本文件，修改权限成为"-rwxrwxrwx"后这个文件能够执行成功吗？当然不行，因为它的内容根本就没有可以执行的命令。因此,可执行权限(x)代表文件具有可执行的能力,但是能否执行成功,取决于文件的内容。

因此,Linux 系统中的文件名只是用来表示文件可能的用途,真正的执行与否需要可执行权限。比如常见的显示文件属性的指令/bin/ls,如果将权限修改为无执行权限,则 ls 就变成不能执行了。这种问题最常发生在文件传送的过程中。例如在网络上下载一个可执行文件,但是在 Linux 系统中无法执行,可能的问题就是文件的属性被改变了。

4.1.3 软链接和硬链接

Linux 系统下的链接文件类似 Windows 系统中的快捷方式,但又不完全一样。链接文件分为两种:一种是硬链接,另一种是符号链接(又称软链接)。

1. 硬连接

硬链接通过索引节点(inode)进行的链接。在 Linux 系统中,多个文件指向同一个索引节点是允许的,像这样的链接就是硬链接。硬链接只能在同一文件系统中的文件之间进行链接,不能对目录进行创建。如果删除硬链接对应的源文件,则硬链接文件仍然存在,而且保存了原有的内容,这样可以起到防止因为误操作而错误删除文件的作用。由于硬链接是有着相同 inode 号仅文件名不同的文件,因此,删除一个硬链接文件并不影响其他有相同 inode 号的文件。

硬链接可由命令 link 或 ln 创建,如:

link oldfile newfile

ln oldfile newfile

2. 符号连接(软连接)

符号连接(软连接)与硬链接不同,文件用户数据块中存放的内容是另一文件的路径名的指向。软链接就是一个普通文件,只是数据块内容有点特殊,类似 Windows 的快捷方式。软链接不仅可对文件或目录创建,还可以跨文件系统创建。

软链接主要应用于以下两个方面:一方面是方便管理,例如可以把一个复杂路径下的文件链接到一个简单路径下方便用户访问;另一方面是解决文件系统磁盘空间不足的情况。例如某个文件系统空间已经用完了,但是现在必须在该文件系统下创建一个新的目录并存储大量的文件,那么可以把另一个剩余空间较多的文件系统中的目录链接到该文件系统中,这样就可以很好地解决空间不足问题。删除软链接并不影响被指向的文件,若被指向的原文件被删除,则相关软链接就变成了无效链接。

使用-s 选项的 ln 命令即可创建符号链接,命令如下:

ln -s oldfile softlink

ln -s olddir soft.link.dir

从图4-2可以看出硬链接和软链接的区别(左边为原文件,右边为链接文件):

(1)硬链接原文件和新文件的 inode 编号一致,而软链接不一样。

(2)对原文件删除,会导致软链接不可用,而硬链接不受影响。

(3)对原文件修改后,软、硬链接文件内容也被修改,因为都指向同一个文件内容。

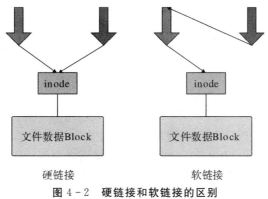

图4-2 硬链接和软链接的区别

4.2 文件管理

文件管理操作包括文件的创建、删除、查看文件内容、搜索文件等。

4.2.1 创建文件

创建文件使用 touch 命令。

用法:touch [-acdmt] 名称。

> 选项与参数:
> · -a:仅修改 access time;
> · -c:修改文件时间,若文件不存在则不建立新文件;
> · -d:后面可以接欲修改的日期而不用当前日期,也可以使用――date="日期或时间";
> · -m:仅修改 mtime;
> · -t:后面可以接欲修改的时间而不用当前时间,格式为[YYMMDDhhmm]。

实例:创建文件名为"text"的文件。

♯touch text

如果 text 文件不存在,则创建新的 text 文件,创建日期为当前时间,如果 text 存在,则更新 text 的时间为当前时间;因此,touch 命令不仅可以用来创建一个空文件,还可以修改文件的时间。

4.2.2 删除文件

删除文件使用 rm 命令。

用法:rm [―fir] 文件或目录。

选项与参数：

• -f：即 force，强制删除，忽略不存在的文件，不出现警告信息；

• -i：互动模式，在删除前询问用户是否删除；

• -r：递归删除，将目录中所有子目录及文件删除，该命令非常危险，应谨慎使用。

实例：删除 text 文件。

♯ rm text

通常在 Linux 系统中，为了防止文件被误删，很多命令配置中都已默认加入－i 选项。如果要删除的目录中含有子目录，则需要加－r 参数。

4.2.3　查看文件

Linux 系统中使用表 4-1 罗列出的命令来查看文件的内容。

表 4-1　常见查看文件内容命令

命　令	说　明
cat	由第一行开始显示文件内容
tac	从最后一行开始显示到第一行(倒着显示)，tac 是 cat 的倒着写
nl	显示文件内容时，输出行号
more	一页一页地显示文件内容，只能往下翻页
less	与 more 类似，但是比 more 多了可以往上翻页的功能
head	显示开始几行
tail	显示最后几行

下面详细介绍每个命令的功能，当然也可以使用 man[命令]来查看命令的使用文档，如：man cp。

1. cat

(1)功能：由第一行开始显示文件内容。

(2)语法：cat [-AbEnTv]文件。

选项与参数：

• -A：相当于-vET 的整合选项，可列出一些特殊字符而不是空白而已；

• -b：列出行号，仅针对非空白行做行号显示，空白行不标行号。

• -E：将结尾的断行字节 $ 显示出来；

• -n：列印出行号，连同空白行也会有行号，与-b 的选项不同；

• -T：将[tab]按键以ˆI 显示出来；

• -v：列出一些看不出来的特殊字符。

(3)实例：查看/etc/hosts 这个文件的内容。

♯ cat /etc/issue

127.0.0.1localhost

127.0.1.1KYLinOS-VMware

2. tac

(1)功能:tac 与 cat 命令刚好相反,文件内容从最后一行开始显示,可以看出 tac 是 cat 的倒着写。

(2)实例:从后至前查看/etc/hosts 这个文件的内容。

♯ tac /etc/hosts

127.0.1.1 KYLinOS-VMware

127.0.0.1 localhost

3. nl

(1)功能:显示文本内容的同时显示行号。

(2)语法:nl [-bnw] 文件。

选项与参数:

·-b:指定行号的方式,主要有两种:

·-b a:表示不论是否为空行,也同样列出行号(类似 cat 一n);

·-b t:如果有空行,空的那一行不要列出行号(默认值);

·-n:列出行号表示的方法,主要有三种:

·-n ln:行号在荧幕的最左方显示;

·-nrn :行号在自己栏位的最右方显示,且不加 0 ;

·-nrz :行号在自己栏位的最右方显示,且加 0 ;

·-w:行号栏位的占用的位数。

(3)实例:用 nl 列出 /etc/issue 的内容。

♯nl /etc/issue

　　1　CentOS release 6.4 (Final)

　　2　Kernel \r on an \m

4. more

(1)功能:显示的文本可以一页一页向下翻动。

(2)实例:输出/etc/passwd 文件的内容。

♯ more /etc/passwd

root:x:0:0:root:/root:/bin/bash

daemon:x:1:1:daemon:/usr/sbin:/usr/sbin/nologin

bin:x:2:2:bin:/bin:/usr/sbin/nologin

sys:x:3:3:sys:/dev:/usr/sbin/nologin

sync:x:4:65534:sync:/bin:/bin/sync

....(中间省略)....

tcpdump:x:105:110::/nonexistent:/usr/sbin/nologin

--更多--(55%)　←重点在这一行！按 enter 键滚动一行,space 翻页,h:帮助,q:退出

在 more 命令的运行过程中,按键功能如下:

- 空白键（space）:向下翻一页;
- Enter:向下翻『一行』;
- /字串:在这个显示的内容当中,向下搜寻『字串』这个关键字;
- :f:立刻显示出文档名以及目前显示的行数;
- q:退出 more,不再显示该文件内容。
- b 或 [ctrl]-b :往回翻页,不过这动作只对文件有用,对管线无用。

5. less

(1)功能:与 more 类似,但比 more 更好的是可以往前翻页。

(2)实例:输出/etc/passwd 文件的内容。

♯ less /etc/passwd

root:x:0:0:root:/root:/bin/bash

daemon:x:1:1:daemon:/usr/sbin:/usr/sbin/nologin

bin:x:2:2:bin:/bin:/usr/sbin/nologin

sys:x:3:3:sys:/dev:/usr/sbin/nologin

sync:x:4:65534:sync:/bin:/bin/sync

....(省略)....

/etc/passwd

在 lesss 命令的运行过程中,按键功能如下:

选项与参数:

- 空白键:向下翻动一页;
- [pagedown]:向下翻动一页;
- [pageup]:向上翻动一页;
- 字串:向下搜寻『字串』的功能;
- 字串:向上搜寻『字串』的功能;
- n:重复前一个搜寻（与 / 或 ? 有关!）;
- N:反向的重复前一个搜寻（与 / 或 ? 有关!）;
- q:退出。

6. head

(1)功能:显示文件前面几行内容。

(2)语法:head [-n number] 文件。

(3)实例:输出/etc/passwd 文件的内容的前 10 行。

♯ head /etc/passwd

root:x:0:0:root:/root:/bin/bash

daemon:x:1:1:daemon:/usr/sbin:/usr/sbin/nologin

bin:x:2:2:bin:/bin:/usr/sbin/nologin

sys:x:3:3:sys:/dev:/usr/sbin/nologin

sync:x:4:65534:sync:/bin:/bin/sync

games:x:5:60:games:/usr/games:/usr/sbin/nologin

man:x:6:12:man:/var/cache/man:/usr/sbin/nologin

lp:x:7:7:lp:/var/spool/lpd:/usr/sbin/nologin

mail:x:8:8:mail:/var/mail:/usr/sbin/nologin

news:x:9:9:news:/var/spool/news:/usr/sbin/nologin

选项与参数：

• -n：后面接数字，代表显示几行的意思。

默认的情况中，显示前面 10 行，若要显示前 20 行，则执行如下命令。

♯head -n 20 /etc/passwd

7. tail

(1)功能：取出文件后面几行。

(2)语法：tail [-n number] 文件。

(3)实例：输出/etc/passwd 文件的内容的后 10 行。

♯tail /etc/passwd

选项与参数：

• -n：数字，显示 n 行。

• -f：表示持续侦测后面所接的文档名，要等到按下[ctrl]-c 才会结束 tail 的侦测。

默认的情况中，显示最后的 10 行。若要显示最后的 20 行，则执行如下命令。

♯tail -n 20 /etc/passwd

4.2.4 搜索文件

1. which

(1)功能：使用 which 命令查找可执行文件的绝对路径。which 命令会在环境变量 ＄PATH 设置的目录里查找符合条件的文件。

(2)语法：which [文件...]。

选项与参数：

• -n＜文件名长度＞ 指定文件名长度，指定的长度必须大于或等于所有文件中最长的文件名。

• -p＜文件名长度＞ 与-n 参数相同，但此处的＜文件名长度＞包括了文件的路径。

• -w 指定输出时栏位的宽度。

• -V 显示版本信息。

(3)实例：使用指令"which"查看指令"bash"的绝对路径，输入如下命令。

```
# which bash
/bin/bash                          # bash 可执行程序的绝对路径
```

2. whereis

(1)功能:whereis 命令用于在特定目录中查找符合条件的文件。这些文件应属于原始代码、二进制文件,或是帮助文件。该指令只能用于查找二进制文件、源代码文件和 man 手册页,一般文件的定位需使用 locate 命令。

(2)语法:whereis [－bfmsu][－B ＜目录＞...][－M ＜目录＞...][－S ＜目录＞...][文件...]。

选项与参数:

• -b 只查找二进制文件。

• -B＜目录＞ 只在设置的目录下查找二进制文件。

• -f 不显示文件名前的路径名称。

• -m 只查找说明文件。

• -M＜目录＞ 只在设置的目录下查找说明文件。

• -s 只查找原始代码文件。

• -S＜目录＞ 只在设置的目录下查找原始代码文件。

• -u 查找不包含指定类型的文件。

(3)实例:使用指令"whereis"查看指令"bash"的位置,输入如下命令。

```
# whereis bash
bash:/bin/bash/etc/bash.bashrc/usr/share/man/man1/bash.1.gz
```

注意:以上输出信息从左至右分别为查询的程序名、bash 路径、bash 的 man 手册页路径。如果用户需要单独查询二进制文件或帮助文件,可使用如下命令:

```
# whereis -b bash                 # 显示 bash 命令的二进制程序
bash:/bin/bash /etc/bash.bashrc /usr/share/bash    # bash 命令的二进制程序的地址
# whereis -m bash                 # 显示 bash 命令的帮助文件
bash:/usr/share/man/man1/bash.1.gz   # bash 命令的帮助文件地址
```

3. locate

(1)功能:locate 命令用于查找符合条件的文档。

(2)语法:locate [-ir] 关键字。

选项与参数:

• -i:忽略大小写的差异;

• -r:后面可接正则表示法的显示方式。

(3)实例 1:查找 passwd 文件,输入以下命令:

```
# locate passwd
```

(4)实例 2:搜索 etc 目录下所有以 sh 开头的文件:

```
# locate /etc/sh
```

(5)实例 3：忽略大小写搜索当前用户目录下所有以 r 开头的文件。

♯locate -i ～/r

4. find

(1)功能：find 命令用来在指定目录下查找文件。任何位于参数之前的字符串都将被视为欲查找的目录名。如果使用该命令时，不设置任何参数，则 find 命令将在当前目录下查找子目录与文件，并且将查找到的子目录和文件全部进行显示。

(2)语法：find [PATH] [option] [action]文件。

> 选项与参数：
> - 与时间有关的选项有-atime,-ctime 与-mtime,以-mtime 为例：
> - -mtime n：n 为数字，意义为在 n 天之前的[一天之内]被改动过内容的文件；
> - -mtime ＋n：列出在 n 天之前(不含 n 天本身)被改动过内容的文件名；
> - -mtime -n：列出在 n 天之内(含 n 天本身)被改动过内容的文件名；
> - -newer file：file 为一个存在的文件，列出比 file 还要新的文件名称。

(3)实例 1：将当前目录及其子目录下所有文件后缀为.c 的文件列出来。

♯find . -name "＊.c"

(4)实例 2：将当前目录及其子目录中的所有文件列出。

♯find . -type f

(5)实例 3：将当前目录及其子目录下所有最近 20 天内更新过的文件列出。

♯find . -ctime -20

(6)实例 4：查找 /var/log 目录中更改时间在 7 日以前的普通文件，并在删除之前询问它们。

♯ find /var/log -type f -mtime ＋7 -ok rm {} \;

(7)实例 5：查找当前目录中文件属主具有读、写权限，并且文件所属组的用户和其他用户具有读权限的文件。

♯find . -type f -perm 644 -exec ls -l {} \;

(8)实例 6：查找系统中所有文件长度为 0 的普通文件，并列出它们的完整路径。

♯ find / -type f -size 0 -exec ls -l {} \;

(9)说明：whereis、locate 与 find 不同，find 是在硬盘查找文件，whereis 和 locate 是在系统数据库中查找，因此，whereis 和 locate 的查找速度比 find 快得多。Linux 系统一般文件数据库在/var/lib/slocate/slocate.db 中，因此 whereis 和 locate 的查找并不是实时的，而是以数据库的更新为准，一般是系统自动维护，也可以手工升级数据库，命令为 updatedb，默认情况下 updatedb 每天执行一次。

4.3　目 录 管 理

Windows 系统的文件结构是多个并列的树状结构，最顶部的是不同的磁盘(分区)，如：C,D,E,F 等。和 Windows 系统不同，Linux 系统的文件结构是单个的树状结构，可以用

tree 命令进行展示。在 Linux 系统安装 tree 工具,并可通过命令来查看。

　　tree 命令:tree / -L 1,命令中的"/"指的是根目录。系统中的其他目录都是从根目录分支而出的,当运行 tree 命令时,并且告诉它从根目录开始,那么用户就可以看到整个目录树,系统中的所有目录及其子目录,还有它们的文件。

```
# tree / -L 1
/
|-- bin ->usr/bin
|-- boot
|-- dev
|-- etc
|-- home
|-- lib->usr/lib
|-- lib64 ->usr/lib64
|-- media
|-- mnt
|-- opt
|-- proc
|-- root
|-- run
|--sbin-> usr/sbin
|-- srv
|-- sys
|--tmp
|--usr
|-- var
```

　　目录树中的目录如表 4-2 所示。

表 4-2　Linux 文件系统的目录结构

目　录	说　明
/bin	系统运行的应用程序的目录
/boot	系统启动的文件目录
/dev	设备文件目录
/etc	系统配置文件的目录
/home	用户的个人目录,包括桌面目录
/lib	库文件的目录
/media	动态插入和检测存储设备后,访问外部存储设备的目录

续表

目　录	说　明
/mnt	手动挂载外部分区的目录
/opt	用户编译软件的目录
/proc	包含有关计算机信息的虚拟目录
/root	系统超级用户的主目录
/run	系统进程存储临时数据的文件目录
/sbin	与/bin 类似,包含了超级用户使用的命令
/usr	包含了大量目录,而这些目录又包含了应用程序、库、文档、壁纸、图标和许多其他需要应用程序和服务共享的内容
/srv	包含服务器的数据
/sys	类似 /proc 和 /dev 的虚拟目录,它还包含连接到计算机的设备的信息
/tmp	包含临时文件,通常由正在运行的应用程序放置
/var	包含各类日志文件,属于频繁更新数据的目录

4.3.1　Linux 系统目录结构

登录系统后,在当前命令窗口下输入命令:ls /,运行结果如下:

islivi@KYLinOS-VMware:～ $ ls /

backupcdrom　dev　lib　libx32　　　mnt　root　srv　usr

bin　　　daetc　lib32　lost＋found　opt　run　sys　var

boot　datahome　lib64　media　　　proc　sbin　tmp

对应着 Linux 系统的树状目录结构,如图 4-3 所示。

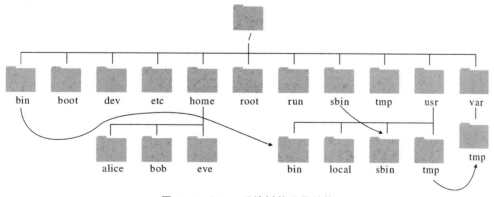

图 4-3　Linux 系统树状目录结构

Linux 系统的目录结构为树状结构,最顶级的目录为根目录,用符号"/"表示。其他目录通过挂载可以将它们添加到树中,通过解除挂载可以移除它们。可以用 tree 命令查看系统文件结构(tree / -L 1),当运行 tree 命令时,就会显示系统文件结构目录。

Linux 实用教程(国产操作系统)

表 4-3 是对 Linux 系统目录的解释。

表 4-3　Linux 的目录结构含义

目录	说　明
/bin	Binaries(二进制文件)的缩写,这个目录存放着经常使用的命令
/boot	这里存放的是启动 Linux 系统时使用的一些核心文件,包括一些连接文件以及镜像文件
/dev	Device(设备)的缩写,该目录下存放的是 Linux 系统的外部设备,在 Linux 系统中访问设备的方式和访问文件的方式是相同的
/etc	Etcetera(等等)的缩写,这个目录用来存放所有的系统管理所需要的配置文件和子目录
/home	用户的主目录,在 Linux 系统中,每个用户都有一个自己的目录,一般该目录名是以用户的账号命名的,如图 4-3 中的 alice、bob 和 eve
/lib	Library(库)的缩写这个目录里存放着系统最基本的动态连接共享库,其作用类似于 Windows 里的 DLL 文件。几乎所有的应用程序都需要用到这些共享库
/lost+found	一般情况下是空的,在系统非法关机后,这里就存放了一些文件
/media	Linux 系统自动识别一些设备,例如 U 盘、光驱等等,在识别后,Linux 系统会把识别的设备挂载到这个目录下
/mnt	用于临时挂载别的文件系统,可以将光驱挂载在/mnt/上,然后进入该目录就可以查看光驱里的内容了
/opt	optional(可选)的缩写,给主机额外安装软件所摆放的目录。比如安装一个 ORACLE 数据库则就可以放到这个目录下。默认是空的
/proc	Processes(进程)的缩写,/proc 是一种伪文件系统(即虚拟文件系统),存储的是当前内核运行状态的一系列特殊文件,这个目录是一个虚拟的目录,它是系统内存的映射,我们可以通过直接访问这个目录来获取系统信息。 这个目录的内容不在硬盘上而是在内存里,我们也可以直接修改里面的某些文件,比如可以通过下面的命令来屏蔽主机的 ping 命令,使别人无法 ping 你的机器: echo 1 > /proc/sys/net/ipv4/icmp_echo_ignore_all
/root	该目录为系统管理员,也称作超级权限者的用户主目录
/run	临时文件系统,存储系统启动以来的信息。当系统重启时,这个目录下的文件应该被删掉或清除。如果你的系统上有/var/run 目录,应该让它指向 run
/sbin	Superuser Binaries(超级用户的二进制文件)的缩写,这里存放的是系统管理员使用的系统管理程序
/seLinux	这个目录是 Redhat/CentOS 所特有的目录,SeLinux 是一个安全机制,类似于 Windows 的防火墙,但是这套机制比较复杂,这个目录就是存放 seLinux 相关的文件的

续 表

目　录	说　明
/usr	UNIX shared resources(共享资源) 的缩写,这是一个非常重要的目录,用户的很多应用程序和文件都放在这个目录下,类似于 windows 下的 program files 目录。 /usr/bin:系统用户使用的应用程序。 /usr/sbin:超级用户使用的比较高级的管理程序和系统守护程序。 /usr/src:内核源代码默认的放置目录
/srv	该目录存放一些服务启动之后需要提取的数据
/sys	这是 Linux 2.6 内核的一个很大的变化。该目录下安装了 2.6 内核中新出现的一个文件系统 sysfs。 sysfs 文件系统集成了下面 3 种文件系统的信息:针对进程信息的 proc 文件系统、针对设备的 devfs 文件系统以及针对伪终端的 devpts 文件系统。该文件系统是内核设备树的一个直观反映。当一个内核对象被创建的时候,对应的文件和目录也在内核对象子系统中被创建
/tmp	temporary(临时)的缩写这个目录是用来存放一些临时文件的
/var	Variable(变量)的缩写,这个目录中存放着在不断扩充着的内容,习惯将那些经常被修改的目录放在这个目录下,包括各种日志文件

在 Linux 系统中,以下几个目录是比较重要的,平时需要注意不要误删除或者随意更改内部文件。

(1)/etc:这个是系统中的配置文件,如果更改了该目录下的某个文件可能会导致系统不能启动。

(2)/bin、/sbin、/usr/bin、/usr/sbin:这是系统预设的执行文件的放置目录,比如 ls 就是在/bin/ls 目录下的。值得提出的是,/bin、/usr/bin 目录下的命令是给系统用户使用的指令(除 root 外的普通用户),而/sbin、/usr/sbin 则是给 root 使用的指令。

(3)/var:这是一个非常重要的目录,系统上运行着很多程序,每个程序都会有相应的日志产生,而这些日志就被记录到/var/log 目录下,另外 mail 的预设放置也是在这里。

4.3.2　绝对路径和相对路径

Linux 系统中的路径指的是包含整个文件名称及文件的位置信息,通过这样的位置信息来定位文件的具体位置。路径是对于文件的定位的一种方式,一般将路径分为绝对路径和相对路径,那么什么是绝对路径? 什么是相对路径?

(1)绝对路径。

1)定义:绝对路径是文件在硬盘上真正存在的路径。

2)写法:由根目录"/"开始,例如:/usr/share/doc 这个目录。

(2)相对路径。

1)定义:相对路径指的是相对于目标位置的路径。

2)写法:不是由"/"开始,例如由/usr/share/doc 要切换到/usr/share/man 目录时,可以写成:cd ../man 这就是相对路径的写法。

4.3.3　目录操作命令

常见的操作目录的命令包括 ls、cd、pwd、mkdir、rmdir、cp、rm、mv,详细的用法可以使用 man［命令］来查看各个命令的使用文档,如:man cp。

1. ls(英文全拼:list files)

(1)功能:列出目录及文件名。在 Linux 系统当中,ls 命令是最常被运行的。
(2)语法:
♯ ls［-aAdfFhilnrRSt］目录名称
♯ ls［--color=｛never,auto,always｝］目录名称
♯ ls［--full-time］目录名称

选项与参数:
• -a:全部的文件,连同隐藏文件(开头为 . 的文件) 一起列出来(常用)。
• -d:仅列出目录本身,而不是列出目录内的文件数据(常用)。
• -l:长数据串列出,包含文件的属性与权限等等数据(常用)。

(3)实例:将家目录下的所有文件列出来(含属性与隐藏档)。
♯ ls -al ～

2. cd(英文全拼:change directory)

(1)功能:切换目录,cd 是用来变换工作目录的命令。
(2)语法:♯cd［相对路径或绝对路径］。
(3)实例 1:使用 mkdir 命令创建 test 目录。
♯mkdir test
(4)实例 2:使用绝对路径切换到 test 目录。
♯ cd /root/test
(5)实例 3:使用相对路径切换到 test 目录。
♯cd ./test/
(6)实例 4:回到自己的家目录,亦即是 /root 这个目录。
♯ cd ～
(7)实例 5:去到目前的上一级目录,亦即是 /root 的上一级目录的意思。
♯ cd ..

3. pwd(英文全拼:print work directory)

(1)功能:显示目前的目录。
(2)语法:pwd［-P］文件。

选项与参数:
• -P:显示出实际路径,而非使用连接(link)路径。

(3)实例 1:显示当前工作目录。

♯pwd

(4)实例 2:显示实际的工作目录,而非连接的目录。

♯ cd /var/mail　♯注意,/var/mail 是一个连接目录

♯pwd

/var/mail　　　　　♯显示当前的工作目录

♯pwd -P

/var/spool/mail　　♯显示实际的工作目录

♯ ls -ld /var/mail

lrwxrwxrwx 1 root root 10 Sep　4 17:54 /var/mail -> spool/mail

可以看到/var/mail 是连接目录,连接到/var/spool/mail。

4. mkdir(英文全拼:make directory)

(1)功能:创建一个新的目录。

(2)语法:mkdir [-mp]目录名称。

选项与参数:

• -m:配置文件的权限;

• -p:递归创建所需要的目录(包含上一级目录)。

(3)实例 1:在/tmp 目录下创建多个新目录。加上-p 选项,可以创建多层目录。

(4)实例 2:创建权限为 rwx--x--x 的目录。

♯ cd /tmp

♯mkdir test　　♯创建名称为 test 的新目录

♯mkdir test1/test2/test3/test4

mkdir:cannot create directory 'test1/test2/test3/test4':

No such file or directory ♯不能直接创建此目录

♯mkdir -p test1/test2/test3/test4　♯创建此目录成功

♯mkdir -m 711 test2

♯ ls -l

drwxr-xr-x　3 root　root 4096 Jul 18 12:50 test

drwxr-xr-x　3 root　root 4096 Jul 18 12:53 test1

drwx--x--x　2 root　root 4096 Jul 18 12:54 test2

上面的权限部分,如果没有加上—m 来强制配置属性,系统会使用默认属性。

如果使用-m ,如上例给予-m 711 来给新的目录赋予 drwx--x--x 的权限。

5. rmdir(英文全拼:remove directory)

(1)功能:删除一个空的目录。

(2)语法:rmdir [-p]目录名称。

选项与参数：

· -p：从该目录起，一次删除多级空目录。

(3)实例 1：删除 test 目录。

♯ rmdir test

(4)实例 2：删除 mkdir 实例中创建的目录(/tmp 目录下)。

♯ ls -l   ♯查看目录信息

drwxr-xr-x   3 root   root 4096 Jul 18 12：50 test

drwxr-xr-x   3 root   root 4096 Jul 18 12：53 test1

drwx--x--x   2 root   root 4096 Jul 18 12：54 test2

♯ rmdir test   ♯直接删除 test

♯ rmdir test1   ♯test1 有内容，所以无法删除。

rmdir：'test1'：Directory not empty

♯ rmdir -p test1/test2/test3/test4   ♯一次删除 test1 里面的多级空目录

♯ ls -l   ♯tmp 目录下的 test 与 test1 已删除

drwx--x--x   2 root   root 4096 Jul 18 12：54 test2

利用 -p 这个选项，就可以将 test1/test2/test3/test4 一次删除。

注意：rmdir 命令仅删除空目录，还可以使用 rm 命令来删除非空目录。

6. cp(英文全拼：copy)

(1)功能：复制文件或目录。

(2)语法：♯ cp [-adfilprsu]   source   destination

           ♯cp [options] source1 source2 source3 .... directory

选项与参数：

· -a：相当于 -pdr 的意思，至于 pdr 请参考下列说明；

· -d：若来源档为链接档的属性(link file)，则复制链接档属性而非文件本身；

· -f：为强制(force)的意思，若目标文件已经存在且无法开启，则移除后再尝试一次；

· -i：若目标档(destination)已经存在时，在覆盖时会先询问动作的进行(常用)

· -l：进行硬式链接(hard link)的链接档创建，而非复制文件本身；

· -p：连同文件的属性一起复制过去，而非使用默认属性(备份常用)；

· -r：递归持续复制，用于目录的复制行为；(常用)

· -s：复制成为符号链接文件(symbolic link)；

· -u：若 destination 比 source 旧才升级 destination。

(3)实例：用 root 身份，将 root 目录下的.bashrc 复制到/tmp 下，并命名为 bashrc。

♯ cp ～/.bashrc /tmp/bashrc

♯ cp －i ～/.bashrc /tmp/bashrc

cp：overwrite'/tmp/bashrc'？ n   ♯n 表示不覆盖，y 表示覆盖

7. rm（英文全拼：remove）

功能和用法见 4.2.2 节。

8. mv（英文全拼：move）

（1）功能：移动文件与目录，或修改文件与目录的名称。

（2）语法：# mv［-fiu］source destination

　　　　　　　#mv［options］source1 source2 source3 …. directory

选项与参数：
- -f：force 强制的意思，如果目标文件已经存在，不会询问而直接覆盖；
- -i：若目标文件（destination）已经存在时，就会询问是否覆盖；
- -u：若目标文件已经存在，且 source 比较新，才会升级（update）。

（3）实例 1：复制一个文件，创建一个目录，并将文件移动到该目录中。

cd /tmp

cp ~/. bashrc bashrc

#mkdir mvtest

#mv bashrc mvtest

（4）实例 2：将刚刚的目录名称更名为 mvtest2。

#mv mvtest mvtest2

4.4　权　限　管　理

4.4.1　文件和目录权限

Linux 系统权限是操作系统用来限制对资源访问的机制，权限一般分为读、写、执行。系统中每个文件都拥有特定的权限、所属用户及所属组，通过这样的机制来限制哪些用户或用户组可以对特定文件进行相应的操作。

Linux 系统每个进程都是以某个用户身份运行的，进程的权限与该用户的权限一样，用户的权限越大，则进程拥有的权限就越大。

Linux 系统中文件及文件夹都有至少三种权限，常见的权限如表 4-4 所示。

表 4-4　文件常见的三种权限

权限	对文件的影响	对目录的影响
r（readable 读取）	可读取文件内容	可列出目录内容
w（wirteable 写入）	可修改文件内容	可在目录中创建删除内容
x（excuteable 执行）	可作为命令执行	可访问目录内容

注意：目录必须拥有 x 权限，否则无法查看其内容。

Linux 的权限默认是授权给三种角色，分别是 user、group、other，Linux 系统权限与用户之间的关联如下：

· U 代表 User，G 代表 Group，O 代表 Other；

· 每个文件的权限基于 UGO 进行设置；

· 权限三位一组(rwx)，同时需授权给三种角色，UGO；

· 每个文件拥有一个所属用户和所属组，对应 UGO，不属于该文件所属用户或所属组使用 O 来表示。

在 Linux 系统中，可以通过 ls-l 命令查看目录的详细属性：

drwxrwxr-x 2 root root 4096 Dec 10 01:36 test

详细属性参数详解如表 4-5 所示。

表 4-5　ls -l 命令详细属性含义

属　性	说　明
d	表示目录，同一位置如果为一则表示普通文件
rwxrwxr-x	表示三种角色的权限，每三位为一种角色，依次为 u,g,o 权限，如上则表示 user 的权限为 rwx，group 的权限为 rwx，other 的权限为 r-x
2	表示文件夹的链接数量，可理解为该目录下子目录的数量
root	表示该用户名
root	组名
4096	表示该文件夹占据的字节数
Dec 10 01:36	表示文件创建或者修改的时间
test	目录名称，或者文件名

Linux 系统权限默认使用 rwx 来表示(也叫作字符法)，为了简化在系统中对权限进行配置和修改，Linux 系统权限引入二进制表示方法(或称作数字法)，即将 rwx 用二进制来表示，其中有权限用 1 表示，没有权限用 0 表示。如表 4-6 所示，显示 Linux 文件权限组合的字符法和数字法对应关系。

表 4-6　Linux 文件权限组合的字符法和数字法对应关系

权限组合	二进制数	十进制数
---	000	0
--x	001	1
-w-	010	2
-wx	011	3
r--	100	4
r-x	101	5
rw-	110	6
rwx	111	7

实例 1：rw-rw-r--可用 664 表示。

实例 2：rwxr-xr-x 可用 755 表示。

4.4.2　修改权限

Linux 系统每一个用户都属于一个组,不能独立于组外。Linux 系统的文件权限需要定义三个实体对它的权限,即文件所有者(Owner)、文件所在组(Group)、其他用户(Other Users)。修改文件权限的命令包括 chown、chgrp、chmod 等。

1. chown(英文全拼:change owner)

(1)功能:用于设置文件所有者和文件关联组的命令。chown 需要超级用户 root 的权限才能执行此命令,即只有超级用户和属于组的文件所有者才能变更文件关联组。非超级用户如需要设置关联组可能需要使用 chgrp 命令。

(2)语法:chown [-cfhvR] [--help] [--version] user[:group] file...

选项与参数:
- user:新的文件拥有者的使用者 ID;
- group:新的文件拥有者的使用者组(group);
- -c:显示更改部分的信息;
- -f:忽略错误信息;
- -h:修复符号链接;
- -v:显示详细的处理信息;
- -R:处理指定目录以及其子目录下的所有文件;
- -help:显示辅助说明;
- -version:显示版本。

(3)实例:
♯ chown root:root install. log

2. chgrp(change group)

(1)功能:用于变更文件或目录的所属群组。与 chown 命令不同,chgrp 允许普通用户改变文件所属的组,只要该用户是该组的一员。

(2)语法:chgrp [-cfhRv][--help][--version][所属群组][文件或目录...]

选项与参数:
- -c 或 --changes:效果类似"-v"参数,但仅回报更改的部分;
- -f 或 --quiet 或--silent:不显示错误信息;
- -h 或 --no-dereference:只对符号连接的文件作修改,而不改动其他任何相关文件;
- -R 或 --recursive:递归处理,将指定目录下的所有文件及子目录一并处理;
- -v 或 --verbose:显示指令执行过程;
- -help:在线帮助;
- --reference=<参考文件或目录>:把指定文件或目录的所属群组全部设成和参考文件或目录的所属群组相同;
- --version:显示版本信息。

3. chmod(change mode)

功能:用于控制用户对文件的权限的命令。只有文件所有者和超级用户可以修改文件或目录的权限。

语法:chmod [-cfvR] [--help] [--version] mode file...

选项与参数:

· mode:权限设定字串,格式如下:

· [ugoa...][[+-=][rwxX]...][,...]

· u 表示该文件的拥有者,g 表示与该文件的拥有者属于同一个群体(group)者,o 表示其他以外的人,a 表示这三者皆是。

· +表示增加权限、-表示取消权限、=表示唯一设定权限。

· r 表示可读取,w 表示可写入,x 表示可执行,X 表示只有当该文件是个子目录或者该文件已经被设定过为可执行。

其他参数说明:

· -c:若该文件权限确实已经更改,才显示其更改动作;

· -f:若该文件权限无法被更改也不要显示错误信息;

· -v:显示权限变更的详细资料;

· -R:对目前目录下的所有文件与子目录进行相同的权限变更(即以递归的方式逐个变更);

· --help:显示辅助说明;

· --version:显示版本。

(3)实例 1:将文件 file1.txt 设为所有人可读取。

#chmod ugo+r file1.txt

(4)实例 2:将文件 file1.txt 设为所有人皆可读取。

#chmod a+r file1.txt

(5)实例 3:将文件 file1.txt 与 file2.txt 设为该文件拥有者,与其所属同一个群体者可写入,但其他以外的人不可写入。

#chmod ug+w,o-w file1.txt file2.txt

(6)实例 4:为 ex1.py 文件拥有者增加可执行权限。

#chmod u+x ex1.py

(7)实例 5:将目前目录下的所有文件与子目录皆设为任何人可读取。

#chmod -R a+r *

(8)实例 6:此外 chmod 也可以用数字来表示权限,如:

#chmod 777 file

思考题

1. Linux 系统的根目录上有哪些目录?它们的作用是什么?

2. 文件的权限管理的意义是什么?

3.关于文件内容显示命令主要有哪些?

4.如何统计当前系统中的在线人数?

5.请给出以下命令的执行结果:

(1)cd　　(2)cd ..　　(3)cd ../..　　(4)cd

5.说明硬链接和软链接的区别。

6.某链接文件的权限用数字法表示为 755,那么相应的字符法表示是什么?

7.建立符号链接文件后,如果删除源文件会有什么样的结果?

第5章 系统管理

作为一个多用户的操作系统,Linux 支持多个用户同时登录到系统,并能响应每一用户的需求,用户的身份决定了其资源访问权限。Linux 提供了多种软件安装方式,从最原始的源代码编译安装到最高级的在线自动安装和更新。Linux 文件和目录都存储在各类存储设备中,而磁盘是最主要的存储设备,操作系统必须以特定的方式对磁盘进行操作,磁盘管理相当重要,除了以上特点,操作系统还涉及一些更高级、更深入的管理操作,如进程管理、系统启动过程、服务管理、任务调动管理、日志管理等,将会在后续内容介绍,系统启动过程在2.3 节作了介绍,其他内容在以后的改版工作中将再进行完善。

本章将用户所做的主要操作如用户和组管理、软件包管理、磁盘管理以及进程管理集中起来讲解。

5.1 用户和组管理

所有新用户进入系统必须由系统管理员预先为他在系统中建立一个用户账号。Linux操作系统具有功能强大的用户管理机制,它将用户分为组,每个用户都属于某个组,用户只能在所属组所拥有的权限内工作,这样做不仅是为了方便管理,而且增强了系统的安全性。

5.1.1 用户和组概述

在 Linux 系统中,不论是从本机登录还是远程登录,都需要一个用户账号(用户名),不同用户具有不同的权限,每个用户在权限允许的范围内操作。Linux 正是通过这种权限的划分和管理,实现了多用户多任务的运行机制。因此,如果要使用 Linux 系统的资源,就必须向系统管理员申请一个用户账号,然后通过该账号进入系统。通过建立不同权限的用户账号,一方面可以合理地利用和控制系统资源,另一方面也可以帮助用户组织文件,提供对用户文件的安全性保护。每个用户都有唯一的账号和密码。在登录系统时,输入正确的账号和密码,即可进入系统和自己的主目录。在 Linux 系统中用户账号可分为用户和用户组两种类型。

(1)用户:通常一个操作者拥有一个用户账号,这个操作者可能是一个具体的用户,也可能是某个应用程序的执行者,如 apache 用户、ftp 用户。每个用户都包含一个唯一的识别码,即用户 ID(User Identity,UID)以及组识别码,即组 ID(Group Identity,GID)。

在 Linux 系统中一般有两种用户:管理员用户(或者称根用户、root 用户)和普通用户,管理员用户的任务是对普通用户和整个系统进行管理。管理员用户对系统具有绝对的控制权,能够对系统进行一切操作。但是,管理员操作不当很容易对系统造成损坏,如误删除文件,错误执行了对系统有破坏性的命令。因此,Linux 系统一般在管理员账号之外建立一个普通用户,以防止误操作发生,在需要管理员权限时可以切换管理员用户或者采取临时使用管理员权限的命令的方式。

理解 Linux 多用户、多任务的特性

Linux 是一个真实的、完整的多用户多任务操作系统,多用户多任务就是可以在系统上建立多个用户,而多个用户可以在同一时间内登录同一个系统执行各自不同的任务而互不影响,例如某台 Linux 服务器上有 4 个应用的用户,分别是 root、www、ftp 和 mysql,在同一时间内,root 用户可能在查看系统日志、管理维护系统,www 用户可能在修改自己的网页程序,ftp 用户可能在上传软件到服务器,mysql 用户可能在执行自己的 SQL 查询,每个用户互不干扰,有条不紊地进行着自己的工作,而每个用户之间不能越权访问,比如 www 用户不能执行 mysql 用户的 SQL 查询操作,ftp 用户也不能修改 www 用户的网页程序。因此,不同用户具有不同的权限,每个用户在权限允许的范围内完成不同的任务,Linux 正是通过这种权限的划分与管理,实现了多用户多任务的运行机制。

(2)用户组:指一组具有相同特征用户的集合。通过用户组,可以设置一组具有相同权限的用户。管理员以组为单位分配对资源的访问权限,例如读取、写入或执行的权限。有时我们需要让多个用户具有相同的权限,就无需对每个用户设置权限,只需要建立一个组,对这个组设置权限,然后将所有需要拥有相同权限的用户放入这个组中,那么这些用户就具有了和组一样的权限。可见,通过定义用户组,在很大程度上简化了管理工作。

在 Linux 系统中用户组有两种类型:

1)基本组:如果没有指定用户组,创建用户的时候系统会同时创建一个和这个用户名同名的组,这个组就是基本组,不能把用户从基本组中删除。在创建文件时,文件的所属组就是用户的基本组。

2)附加组:除了基本组之外,用户所在的其他组都是附加组。用户是可以从附加组中被删除的。用户不论在基本组还是附加组,都会拥有该组的权限。一个用户可以属于多个附加组,但是一个用户只能有一个基本组。

(3)用户和用户组的关系。

1)一对一:即一个用户可以存在一个用户组中,也可以是用户组中的唯一成员。

2)一对多:即一个用户可以存在多个用户组中,此用户具有多个用户组的共同权限。

3)多对一:多个用户可以存在一个用户组中,这些用户具有和用户组相同的权限。

4)多对多:多个用户可以存在多个用户组中,其实就是上面三种对应关系的扩展。

5.1.2　用户和组的配置文件

在 Linux 系统中一切皆文件,因此用户与用户组也以配置文件的形式保存在系统中,用户和用户组的配置文件主要有 passwd、shadow、group 和 gshadow 四个,添加一个用户,这四个文件都增加了一行。这四个文件路径和含义如下:

(1)/etc/passwd:用户及其属性信息(名称、UID、主组 ID 等)。

(2)/etc/group:组及其属性信息。

(3)/etc/shadow:用户密码及其相关属性。

(4)/etc/gshadow:组密码及其相关属性。

详细说明如下。

1. 用户及其属性信息(passwd)

passwd 文件存储了系统中所有用户的基本信息,并且所有用户都可以对此文件执行读操作。passwd 文件每行定义一个账号,有多少行就表示多少个账号。每行内容之间通过":"号划分,分为 7 个字段:root:x:0:0:root:/root:/bin/bash。

在上述显示的内容中,root 的用户 ID 和组 ID 永远是 0,普通用户的用户 ID(UID)和组 ID(GID)从序号 1 000 开始,0～1 000 之间的序号是系统保留的。在每行内容中部分字段可以是空的,但必须使用":"来分隔。各字段的含义如表 5-1 所示,考虑到系统安全性,密码用"x"来表示。

表 5-1 用户配置文件 passwd 各字段含义

root:x	:	0	:	0	:	root	:	/root	:	/bin/bash
账号:密码	:	UID	:	GID	:	用户说明	:	用户主目录	:	默认 Shell

各字段说明:

• 账号:这是用户登录系统时使用的用户名,它在系统中是唯一的。

• 密码:此字段存放加密的密码。加密的密码的形式是 x,这表示用户的密码是被/etc/shadow 文件保护的,所有加密的密码和密码有关的设置都保存在/etc/shadow 中。

• UID:用户标识号(UID)是一个整数,系统内部用它来标识用户。每个用户的 UID 都是唯一的。root 用户的 UID 为 0,1～999 是系统的标准账号。普通用户的 UID 从 1 000 开始。

• GID:组标识号(GID)是一个整数,这个字段记录了用户所属的用户组。它对应着/etc/group 文件中的一条记录。

• 用户说明:注释描述例如存放用户全名等信息,可为空。

• 用户主目录:用户登录系统后所默认进入的目录,也称宿主目录或用户主目录。

• 默认 Shell:就是用户登录系统后默认使用的命令解释器,Shell 是用户和 Linux 内核之间的接口,用户的任何操作,都是通过 Shell 传递给系统内核。Linux 下常用的 Shell 有 sh、bash、csh 等,管理员可以根据用户的习惯,为每个用户设置不同的 Shell。

Linux 操作系统根据 UID 来判断用户,而不是用户名。只要 UID 为 0 就是管理员,哪怕有多个 UID 为 0 的账号。系统在新建账号时,会根据账号类型自动分配递增账号的 UID 与 GID,也可自行分配。通常情况下,应当保证 UID 与 GID 唯一且不重复。需要返回原来的普通用户账号时,直接执行 exit 命令即可。如果要进入别的普通用户账号,可在 su 命令后直接加上其他账号,然后输入该账号密码即可。

su 和 su-命令不同之处在于,su 切换到对应的用户时会将当前的工作目录自动转换到切换后的用户的主目录。输入后,系统将提示输入相应用户的口令,输入正确的口令即可完成身份的转换。如果 su 命令后没有带用户名,系统默认从当用户切换到超级用户(root),并提示用户输入超级用户口令。

2．组及其属性信息（group）

group 文件是有关于系统管理员对用户和用户组管理的文件，Linux 用户组的所有信息都存放在 group 文件中。group 文件格式如下，如表 5－2 所示。

root：x：0：

表 5－2　group **文件各字段含义**

root	：x	：0	：
组名称：组密码	：GID	：组中的用户	

各字段说明：
- 组名称：即组的账号。
- 组密码：通常不需要设定，密码被记录在/etc/gshadow 文件中。
- GID：组 ID 号。
- 组中的用户：此字段列出每个组包含的所有用户。需要注意的是，如果该用户组是这个用户的基本组，则该用户的账号不会出现在这个字段，因此，该字段显示的用户都是这个用户组的附加用户。

3．用户密码及其相关属性（shadow）

shadow 文件是 passwd 的影子文件，但这个文件并不是由 passwd 产生的，这两个文件是对应互补的。shadow 内容包括用户及被加密的密码、密码有效期、密码锁定等信息。shadow 文件格式如下，如表 5－3 所示。

root：6H2XKL2amhhl.cgWf$xGf46XOds1VHzk7IAS3zFwq1OtcRO4gCIVECjtGT0VHS4aZT2KxEFryjMB1LSXTusnnbu0SxGhCWrLbxic8JX.：19097：0：99999：7：：：

表 5－3　shadow **文件各字段含义**

root：6H2…ic8JX.	：19097	：0	：99999	：7	：	：	：
账号：密码	：更改时间	：最小间隔	：密码有效期	：过期提示	：密码锁定	：账号失效	：保留

各字段说明：
- 账号：登录用户名。
- 密码：加密后的密码，采用 SHA512 散列加密算法，是单向不可逆的。
- 更改时间：从 1970 年 1 月 1 日起计算到现在为止密码最近一次被更改的时间（天）。
- 最小间隔（天）：密码再过几天就可以被修改（0 表示随时可改）。
- 密码有效期：密码几天后必须变更（99999 表示永不过期）。
- 过期提示（天）：密码需要变更前的警告天数，过期前多久提示用户。
- 密码锁定（天）：密码过期后的宽限天数，密码过期多久后账号将被锁定。
- 账号失效（天）：多少天后账号将失效（从 1970－1－1 算起）。
- 保留：这个字段目前没有使用，等待新功能的加入。

4．组密码及其相关属性（/etc/gshadow）

gshadow 文件是保存组密码的文件，名字段含义如表 5－4 所示。如果给用户组设定了组管理员,并给该用户组设定了组密码,那么组密码就保存在这个文件中,组管理员就可以利用这个密码管理这个用户组。该文件的内容如下:

root:*::

表 5-4　gshadow **文件各字段含义**

root	:	*	:	:
组名	:组密码	:组管理员	:组附加用户列表	

各字段说明:

· 组名:同 /etc/group 文件中的组名相对应。

· 组密码:对于大多数用户来说,通常不设置组密码,因此该字段常为空,但有时为"!",指的是该群组没有组密码,也不设有群组管理员。

· 组管理员列表:用户组管理员,如果有多个用户组管理员,用","号分隔。

· 组中的附加用户:该字段显示这个用户组中有哪些附加用户,和/etc/group 文件中附加组显示内容相同。

5.1.3　用户和组的管理命令

对于用户和组管理,Linux 提供了一套完整的命令管理机制和图像化管理方式,图形化管理方式在这里不做介绍,本节只介绍相关管理命令。

1.用户账号管理

通常对用户账号的操作分为添加、修改、删除和查找,常用管理命令说明如下。

(1)添加账号。

1)功能:添加一个账号。

2)命令:useradd

3)语法:useradd 　［参数］用户名

参数说明:

· -u：UID 自定义 UID(默认系统递增)。

· -o:配合-u 选项,不检查 UID 的唯一性(不建议)。

· -g:GID:指明用户所属基本组,可为组名,也可以为 GID。

· -c:comment 指定一段注释性描述。

· -d:目录 指定用户主目录,如果此目录不存在,则同时使用-m 选项,可以创建主目录。

· -g:用户组 指定用户所属的用户组。

· -G:用户组 指定用户所属的附加组。

· -s:Shell 文件 指定用户的登录 Shell。

· -u:用户号 指定用户的用户号,如果同时有-o 选项,则可以重复使用其他用户的标识号。

4)实例 1:创建了一个用户 xyz,并将其家目录设置到/user/xyz。

＃useradd -d /usr/xyz xyz

5)实例 2:此命令新建了一个用户 xyz,设置该用户使用的 Shell 为/sbin/bash,设置他的基本组属于 root 用户组,设置附加组为 zhang 和 wang。

♯useradd -s / sbin/bash -g root -G zhang,wang xyz

注意:设置组时,要保证组已经存在,否则应先创建该组。增加用户账号就是在/etc/passwd 文件中为新用户增加一条记录,同时系统会自动更新其他系统文件如/etc/shadow,/etc/group 等。通常情况下创建账号时,账号 ID 会按照最大的值递增,但是递增的值必须在最大范围内。

(2) 删除账号。

1)功能:如果一个用户的账号不再使用,可以从系统中删除。删除用户账号就是要将/etc/passwd 等系统文件中的该用户记录删除,必要时还删除用户的主目录。

2)命令:userdel

3)语法:userdel ［参数］ 用户名

常用的选项是-r,它的作用是把用户的主目录一起删除。

3)实例:此命令删除用户 sam 在系统文件中(主要是/etc/passwd,/etc/shadow,/etc/group 等)的记录,同时删除用户的主目录。

♯ userdel -r sam

注意:删除账号需要该账号没有人在使用,才能删除成功。同时注意请使用命令删除,不要去手动修改配置文件。

(3) 修改账号。

1)功能:修改用户账号就是根据实际情况更改用户的有关属性,如用户号、主目录(家目录)、用户组、登录 Shell 等。

2)命令:usermod

3)语法:usermod ［参数］用户名

常用的选项包括-c, -d,-m, -g, -G, -s, -u 以及-o 等,这些选项的意义与 useradd 命令中的选项一样,可以为用户指定新的资源值。另外,有些系统可以使用选项:−l 新用户名,这个选项指定一个新的账号,即将原来的用户名改为新的用户名。

4)实例:此命令将用户 sam 的登录 Shell 修改为 ksh,主目录改为/home/z,用户组改为 developer。

♯ usermod -s /bin/ksh -d /home/z -g developer sam

(4)查找账号。

id ［参数］ 用户名

相关参数:

• -u:显示 UID;

• -g:显示 GID;

• -G:显示用户所属的组 ID;

• -n:显示名称。

例如：# id。

2. 用户密码管理

(1)功能：用户管理的另一项重要内容是用户密码的管理。创建账号时默认没有密码，但是被系统锁定，无法使用(在 passwd 文件中，密码列显示为!! 或者! 表示用户被锁定，是无法登录的)，必须为其指定密码后才可以使用，即使是指定空密码。

指定和修改用户密码的 Shell 命令是 passwd。超级用户可以为自己和其他用户指定密码，普通用户只能用它修改自己的密码。

(2)语法：passwd ［参数］ 用户名。

相关参数：

• -l：锁定密码，即禁用账号。

• -u：密码解锁。

• -d：使账号无密码。

• -f：强迫用户下次登录时修改密码。

(3)实例：如果默认用户名为空，表示修改当前用户的密码。

例如，若假设当前用户是 sam，则下面的命令修改该用户自己的密码：

$ passwd

若是超级用户(root 用户)，则可以用下列形式设置 sam 用户的密码：

passwd sam

普通用户修改自己的密码时，passwd 命令会先提示输入原密码，验证后再要求用户输入两遍新密码，如果两次输入的密码一致，则将这个密码指定给用户。而超级用户为用户指定密码时，不需要输入原密码。

为用户指定空密码时，执行下列形式的命令：

passwd -d sam

此命令将用户 sam 的密码删除，这样用户 sam 下一次登录时，系统不再询问密码。

passwd 命令还可以用－l(lock)选项锁定某一用户，使其不能登录，例如：

passwd -l sam

3. 用户组的管理

每个用户都有一个用户组，系统可以对一个用户组中的所有用户进行集中管理。Linux 下的用户属于与它同名的用户组，这个用户组在创建用户时同步创建。

用户组的管理涉及用户组的添加、删除和修改等。组的增加、删除和修改实际上就是对/etc/group 文件的更新。

(1)增加组。

1)功能：增加一个新的用户组。

2)命令：groupadd

3)语法：groupadd　［参数］　用户组

参数说明：

・-g：GID 指定新用户组的组标识号(GID)；

・-o：一般与-g选项同时使用,表示新用户组的 GID 可以与系统已有用户组的 GID 相同；

・-r：创建系统组。

4)实例 1：向系统中增加了一个新组 group1,新组的组标识号是在当前已有的最大组标识号的基础上加 1。

＃groupadd group1

5)实例 2：向系统中增加了一个新组 group2,同时指定新组的组标识号是 101。

＃groupadd -g 101 group2

(2)删除组。

1)功能：删除一个已有的用户组。

2)命令：groupdel

3)语法：groupdel　用户组

4)实例：从系统中删除组 group1。要删除某个用户组,要确保该组不是基本组,才能把这个组删掉。

＃groupdel group1

(3)修改组。

1)功能：修改用户组的属性。

2)命令：groupmod

3)语法：groupmod　［参数］　用户组

常用的选项有：

・-g：GID 为用户组指定新的组标识号；

・-o：与-g选项同时使用,用户组的新 GID 可以与系统已有用户组的 GID 相同；

・-n：新用户组,将用户组的名字改为新名字。

4)实例 1：将组 group1 的组标识号修改为 102。

＃groupmod -g 102 group1

5)实例 2：将组 group2 的标识号改为 10000,组名修改为 group3。

＃groupmod -g 10000 -n group3 group2

(4)切换组(临时切换基本组)。

1)功能：如果一个用户同时属于多个用户组,用户就可以在用户组之间切换,以便具有其他用户组的权限。

2)命令：newgrp

3)语法：newgrp 用户组

4)实例：$ newgrp root

命令将当前用户切换到 root 用户组,前提是 root 用户组确实是该用户的主组或附加组。类似于用户账号的管理,用户组的管理也可以通过集成的系统管理工具来完成。

(5)更改查看组成员。

1)功能:更改和查看组中的成员。

2)命令:groupmems

3)语法:groupmems ［参数］ 用户组

参数如下:

- -g:更改为指定组(只有 root 可以使用);
- -a:指定用户加入组;
- -d:从组中删除该用户;
- -p:从组中清除所有成员;
- -l:显示组成员列表。

4)实例 1:查看 root 组中存在的成员。

＃groupmems -l -g root

5)实例 2:将 Father 用户加入 root 组中。

＃groupmems -a Father -g root

5.2　软件包管理

本节主要介绍 Linux 系统如何以终端命令行操作方式管理软件包,至于图形化管理方式和 Windows 下类似,将不做介绍。

5.2.1　软件包简介

在 GNU/Linux 操作系统中,安装软件的正确方式是使用集中管理的软件包。目前,在 Linux 系统中常见的软件包的格式有以下几种。

1. RPM 包

RPM(Redhat Package Manager)通常被称为红帽(Redhat)软件包管理器。RPM 包的文件类型和格式是以. rpm 为扩展名的软件包,是 Linux 世界中最常遇到的一种形式,RPM 包是处理软件发布的标准方式之一,它被许多 Linux 发行版(Redhat、CentOS、Fedora、SuSe 等)所采用。

2. deb 包

deb 是 Debian 软件包格式,文件扩展名为. deb,配合 APT 软件管理系统,是 Linux 系统非常流行的一种软件安装包,被 Debian、Ubuntu、Linux Mint 等所采用。

3. tar 包

最常用的打包命令是 tar,使用 tar 程序打包出来的常被称为 tar 包,tar 包文件的后缀通常都是以. tar 结尾的。tar 文件是一种压缩文件,在 Linux 系统中可以直接解压使用这种压缩文件。在 Windows 下也可以使用 WinRAR 等常见的解压缩软件打开,tar 类似于常见的 rar 和 zip 格式。

4. gz 包

gz 包是一种压缩文件,以. gz 或者. tar. gz(. tgz)为扩展名。

5. bz2 包

bzip2 是一个压缩能力更强的压缩程序,以. tar. bz2 结尾的文件就是. tar 文件经过 bzip2压缩后的文件。

6. sh 结尾的文件

. sh 文件是 Shell 脚本文件,一般是由 Shell 脚本编写的程序。

7. src 源码文件

源码程序安装前需要自行编译,通过查看相关文档可以找到详细的编译步骤和注意事项,编译完成后执行安装程序。

8. bin 文件

二进制文件,以. bin 为扩展名,是源程序经编译后得到的,有些软件能发布. bin 为后缀的安装包,安装时先要赋予可执行权限才能运行。

5.2.2　软件包管理

Linux 系统中很多软件都是以源代码方式进行发布的,但是对普通用户来讲将源代码编译成可执行的文件过程是非常烦琐的,所以有些软件已经被编译成了二进制文件并且将其打包,用户可以用包管理器对打包好的文件直接进行安装。几乎所有的 Linux 发行版本都使用某种形式的软件包管理器管理软件的安装、更新和卸载。常见的软件包封装类型如表 5 - 5 所示。

表 5 - 5　常见的软件包封装类型

封装类型	说　明
rpm 软件包	扩展名为. rpm
deb 软件包	扩展名为. deb
源代码软件包	一般为. tar. gz、. tar. bz2 等格式的压缩包,包含程序的原始代码
附带安装程序的软件包	在压缩包内提供 install. sh、setup 等安装程序或提供. bin 格式的单个执行文件

软件包管理器功能:将编译好的应用程序组成文件打包成一个或几个程序包文件,利用包管理器可以方便、快捷地实现程序包的安装、卸载、查询、升级和校验等操作。

Linux 系统所有发行版本大致可分为两大系列,因此产生了两类主流的软件包管理器:一类是支持 rpm 文件的 rpm 包管理器(支持离线安装),在线安装使用 yum 工具;另一类是支持 deb 文件的 dpkg 包管理器(支持离线安装),在线安装使用 apt－get 工具,如表 5 - 6 所示。

表 5 - 6　Linux 发行版两大系列软件包管理

Linux 发行版两大系列	发行版代表	软件包管理方式	安装包格式
Redhat	Redhat CentOS Fedora	rpm(管理本地的软件包,无法处理依赖关系); yum(联网下载软件包,自动处理依赖关系)	rpm
Debian	Debian Ubuntu Linux Mint	dpkg(管理本地的软件包,无法处理依赖关系); apt(联网下载软件包,自动处理依赖关系)	deb

两大系列常见包格式和安装命令以及包管理工具总结如下:

(1)RedHat 系列:如 Redhat、CentOS、Fedora 等。

常见的安装包格式是 rpm 包,安装 rpm 包的命令是"rpm -参数"。

包管理工具是 rpm 和 yum。

(2)Debian 系列:Debian、Ubuntu、银河麒麟桌面版 V10 等。

W 常见的安装包格式是 deb 包,安装 deb 包的命令是"dpkg -参数"

包管理工具是 dpkg 和 apt-get。

具体安装命令如表 5-7 所示。

表 5 - 7　两种包的安装命令

安装包类型	在线安装	离线安装
. deb	apt-get installpackage. deb	dpkg -i package. deb
. rpm	yum installpackage. rpm	rpm -ivh package. rpm

1. RPM 软件包的管理

Yum(全称为 Yellow dog Updater,Modified)是一个在 Fedora 和 RedHat 以及 SUSE 中的 Shell 前端软件包管理器。基于 RPM 包管理,能够从指定的服务器自动下载 RPM 包并且安装,可以自动处理依赖性关系,并且一次安装所有依赖的软件包,无须烦琐地一次次下载、安装。

Yum 提供两种安装软件的方式:

1)Yum install 安装单个软件,以及这个软件的依赖关系

2)Yum group install 安装一个安装包,这个安装包包含了很多单个软件,以及单个软件的依赖关系。

Yum 常用命令如下:

1)列出所有可更新的软件清单命令:yum check-update。

2)更新所有软件命令:yum update。

3)仅安装指定的软件命令:yum install <package_name>。

4)仅更新指定的软件命令:yum update <package_name>。

5)列出所有可安装的软件清单命令:yum list。

6)删除软件包命令:yum remove <package_name>

7)查找软件包命令:yum search <keyword>

8)清除缓存命令:

①yum clean packages:清除缓存目录下的软件包。

②yum clean headers:清除缓存目录下的 headers。

③yum cleanoldheaders:清除缓存目录下旧的 headers。

RPM 包的名称都由"-"和"."分成若干份,比如 akonadi-1.9.2-4.el7.x86_64.rpm 包中。

1)akonadi 为 name 包名。

2)1.9.2 为 version 版本信息:主版本号. 次版本号. 修正号。

3)4:二进制包发布的次数,表示此 RPM 包是第几次编译生成的。

4)el7:软件发行商,el7 表示此包是由 Red Hat 公司发布,适合在 RHEL7. x 和 CentOS7. x 上使用 x86_64:为运行平台,此参数可以看到该软件包可用于什么平台上。

5)x86_64:运行平台。

(1)RPM 安装命令。

rpm {-i|--install} [install-options] PACKAGE_FILE…　　＃＃＃RPM 格式

例如:＃ rpm -ivh httpd-

- -i:表示安装;
- -v:表示可视化(verbose);
- -h:表示显示安装进度;
- --force:表示强制安装;
- --nodeps:表示忽略依赖包关系;
- --test:测试安装,但不真正执行安装。

(2)RPM 包的查找。

例如:＃ rpm -qa | grep php

- -qa　-q 表示查询 -a 表示所有安装的包,支持模糊查找:rpm-qa "＊http＊"

(3)RPM 包的删除。

rpm -e 包名

例如:rpm -e httpd,在删除时可以不用写包的版本号和扩展名,只写包名即可。

(4)RPM 包的升级。

rpm -Uvh ba 包名

其中 U(upgrade)表示升级,安装有旧版程序包,则"升级",如果不存在旧版程序包,则"安装"。

2. Deb 软件包的管理

Deb 包是一种预编译软件包,除了包含已编译的软件,通常还包括软件的拷贝路径、对其他软件包的依赖关系记录、配置文件以及软件的描述、版本、作者、类别、占用空间等信息。

APT(Advanced Package Tool)是用于以 Debian 为基础的发行版(Ubuntu 等)的软件包管理工具,通过 deb 包管理的 apt-get 命令,自动从互联网的软件仓库中搜索、安装、升级、卸载软件或操作系统。安装包的过程分为下载和安装两个部分,在包下载完成后,dpkg 将会接管来完成安装任务。APT 源的配置文件是/etc/apt/sources. list,每次更新软件时,APT 都会读取这个文件中的源的地址,并更新本地软件包索引的内容。apt-get 同 Yum 一样,会自动解决和安装模块的依赖问题,但不会安装本地的 deb 文件,apt-get 是建立在 dpkg 之上的软件管理工具。

APT 常用的命令如下。

(1)更新软件包,不做安装升级操作。

apt -get update

(2)升级所有已安装的包。

apt-get upgrade

(3)安装指定的包。

apt-get install 包名

(4)删除包。

1)# apt-get remove 包名

2)# apt-get remove 包名 -purge(删除包以及配置文件)

3)# apt-get autoremove 包名 --purge(删除包及其依赖的软件包和配置文件)

(5)查询指定的包。

apt-cache search 包名

(6)显示包的相关信息,如说明、大小、版本等。

apt-cache show 包名

(7)查询依赖关系。

1)# apt-cache depends 包名(查询该包依赖哪些包)

2)# apt-cache rdepends 包名(查询该包被哪些包依赖)

(8)清理无用的包。

apt-get clean 或 apt-get autoclean

采用 APT 是在线安装软件包,如果已下载 Deb 安装包,那么可以使用 dpkg 命令。

dpkg 命令常用格式如下:

sudo dpkg -I package. deb#查看 package. deb 软件包的详细信息,包括软件名称、版本以及大小等(其中-I 等价于--info)

sudo dpkg -c package. deb#查看 package. deb 软件包中包含的文件结构(其中-c 等价于--contents)

sudo dpkg -i package. deb#安装 package. deb 软件包(其中-i 等价于--install)sudo dpkg -l package#查看 package 软件包的信息(软件名称可通过 dpkg -I 命令查看,其中-l 等价于--list)

sudo dpkg -L package#查看 package 软件包安装的所有文件(软件名称可通过 dpkg -I 命令查看,其中-L 等价于--listfiles)

sudo dpkg -s package#查看 package 软件包的详细信息(软件名称可通过 dpkg -I 命令查看,其中-s 等价于--status) sudo dpkg -r package#卸载 package 软件包(软件名称可通过 dpkg -I 命令查看,其中 -r 等价于--remove)

注:dpkg 命令无法自动解决依赖关系。如果安装的 deb 包存在依赖包,则应避免使用此命令,或者按照依赖关系顺序安装依赖包。

dpkg 命令归纳如下:

dpkg -i package. deb	安装包
dpkg -r package	删除包
dpkg -P package	删除包(包括配置文件)
dpkg -L package	列出与该包关联的文件
dpkg -l package	显示该包的版本
dpkg -unpack package. deb	解开 deb 包的内容
dpkg -S keyword	搜索所属的包内容
dpkg -l	列出当前已安装的包
dpkg -c package. deb	列出 deb 包的内容
dpkg -configure package	配置包

3. src 源代码包的编译和安装

Linux 是 UNIX 的分支之一,几十年来 UNIX 积累了大量的软件,都是以源代码方式发布的,这类软件是用 gzip/bzip2 压缩的,安装时需要先解压缩,然后编译成可执行的二进制程序进行安装,其优点是配置灵活,可以根据用户需要定制软件功能或者模块,缺点是难度较大,不适合初学者。以下是 src 源文件的软件包安装步骤。

步骤 1:tar 解包,解压并释放源代码包到指定的目录,一般解压到/usr/src/目录。

例如:# tar xf httpd-2.2.17. tar. gz -C /usr/src/

步骤 2:./configure 配置,设置安装目录、安装模块等选项。

例如:# ./configur --prefix=/usr/local/apache

步骤 3:make 编译,生成可执行的二进制文件。

例如:# make

步骤 4:make install 安装,复制二进制文件到系统,配置应用环境。

例如:# make install

步骤 5:make clean,清除编译过程中产生的临时文件。

例如:# make clean

5.3　磁　盘　管　理

5.3.1　Linux 文件系统类型简介

在操作系统层面,文件系统核心功能是对存储资源的管理,也就是说文件系统是对磁盘(还包括光盘或者磁带等其他类型的存储介质)的空间进行管理的。文件系统对磁盘空间的管理是将大的磁盘空间切割为很小的区域(如 4 kB),然后通过对这些小区域的分配和释放来使用磁盘空间。不同的操作系统使用不同类型的文件系统,为了兼容其他操作系统,通常一个操作系统能支持多种类型的文件系统,比如 Windows10 默认支持的文件系统是 NTFS,但同时支持FAT 32 文件系统。

Linux 操作系统同样支持多种文件系统,包括 ext3、ext4、vfat、ntfs、iso9660、jfs、reiserfs和 NFS 等,下面分别介绍 Linux 操作系统常见的文件系统。

1. ext3/ext4

最初的 ext 文件系统是 1992 年随 Linux 发行的,以克服 Minix 文件系统的某些大小限制。主要的结构更改是基于 UNIX 文件系统(Unix File System,UFS)的元数据。由于重大缺陷很快被 ext2 文件系统所取代,ext2 文件系统非常成功,在 Linux 系统发行版中使用了很多年。ext3 文件系统也被称为第三次扩展(Third Extented)的文件系统,是在 ext2 文件系统的基础上增加了文件日志记录功能,也称作日志式文件系统,它是 Linux 中最受欢迎的文件系统。ext4 文件系统在 ext3 的基础之上做了很多性能上的改进,引入了大量新功能,它保持了与 ext3 向后的兼容性,可以将 ext4 文件系统挂载为 ext3 文件系统,目前已经成为许多 Linux 系统的默认文件系统类型。

2. swap

swap 用于交换分区,交换分区是系统虚拟内存的一部分,用于在当前内存不足时暂时保存数据。数据被交换到交换分区,当再次需要时调回内存。

3. vfat

vfat 是 Linux 系统对 DOS、Windows 操作系统下的 FAT(FAT16 和 FAT32)文件系统的总称。

4. NFS

网络文件系统(Network File System,NFS)是一种将数据存储在远端的文件系统。网络文件系统通常分为客户端和服务端,其中客户端类似本地文件系统,而服务端则是对数据进行管理的系统。网络文件系统的使用与本地文件系统没有任何差别,只需要执行 mount命令挂载即可。完成挂载后的网络文件系统与本地文件系统完全一样,网络文件系统就好像将远程的文件系统映射到了本地。

5. iso9660

iso9660 是从 High Sierra(CD-ROM 使用的最初标准)发展而来的文件系统,是CD-ROM的标准文件系统。

6. 日志文件系统

日志式文件系统是目前 Linux 文件系统的发展方向,日志文件系统要求在写入磁盘记录前先写日志数据,文件系统可以根据所记录的日志在很短的时间内迅速恢复磁盘文件内容,因此磁盘上的文件不再会因意外宕机而遭到破坏。除了 ext3/ext4 文件系统之外,常用的日志文件系统还有 reiserfs、jfs 和 XFS 等。

5.3.2　硬件设备的命名规则

在 Linux 系统中一切都是文件,硬件设备也不例外,既然是文件,就有文件名称。系统内核中的 udev 设备管理器会自动将硬件名称规范起来,能够更直观地区分设备类型及分区。另外,此设备管理器服务会一直以守护进程的形式运行并侦听内核发出的信号来管理/dev 目录下的设备文件。Linux 系统中常见的硬件设备文件名如表 5-8 所示。

表 5-8　常见的硬件设备文件名

硬件设备	文件名称
IDE 存储设备	/dev/hd[a-d]
SCSI/SATA 存储设备或者 U 盘	/dev/sd[a-p]
软驱	/dev/fd[0-1]
打印机	/dev/1p[0-15]
光驱	/dev/cdrom
鼠标	/dev/mouse
磁带机	/dev/st0 或/dev/ht0

由于现在 IDE 设备已经比较少,所以大部分硬盘设备都会以/dev/sd 开头。一台主机上可以有多块硬盘,系统采用从 a~p 来代表 16 块不同的硬盘,默认从 a 开始分配。各个硬盘的分区编号也是有规范的,主分区或扩展分区编号范围为 1~4,逻辑分区的编号从 5 开始。这里要注意两点:

(1)存储设备名称之所以是 a,是由内核的识别顺序决定的,与主板上的插槽无关,很多主板上的插槽顺序与内核的识别顺序一致。

(2)分区编号并不代表分区个数,分区的数字编码不一定是强制顺延下来的,也有可能是手工指定的。例如:/dev/sda4 代表这是设备上编号为 4 的分区,并不表示此设备上有 4 个分区。

为什么主分区编号最大为 4 呢?

对于硬盘设备都是由大量的扇区组成的,每个扇区的容量为 512 b,其中第一个扇区存储着主引导记录和分区列表信息,主引导记录占用 446 b,分区表占用 64 b,结束符占用 2 b,而分区表中,每记录一个分区信息需要 16 b,这样一来就只有 4 个分区信息可以记录在第一扇区了,这 4 个分区即是主分区。扩展分区,它不是一个实际的分区,它仅是一个指向下一个分区的指针。

5.3.3　磁盘文件系统的挂载与卸载

挂载就是将某个硬盘文件与已存在的目录文件进行关联,从而达到访问其内部数据的目的。挂载点就是文件系统中存在的一个目录(一般在挂载之前使用 mkdir 命令先创建一个新目录),通常情况下,创建在/mnt 目录下。挂载成功后,访问挂载点就是访问新的存储设备。挂载和卸载文件系统用到的命令为:mount 和 umount。

1. 挂载命令 mount

(1)命令格式:mount［参数］［设备名］［挂载点］。

常用参数含义:
- -t:指定文件系统的类型;
- -r:以只读的方式挂载文件系统;
- -w:以读写的方式挂载文件系统(默认选项);
- -o:设置挂载属性;
- -a:挂载所有在/etc/fstab 中记录的设备。

(2)实例 1:将"/dev/sda1"挂载到"/mnt/da"目录下。

＃mount　/dev/sda1　/mnt/da

查看挂载状态和硬盘使用量信息:df
- 选项:
- -h:显示更易读的容量单位
- -T:显示文件系统的类型

　　对于较新的 Linux 系统,一般不用指定文件系统的类型,系统会进行自动判断。对于参数-a,它会自动检查目录/etc/fstab 文件中有无遗漏被挂载的设备文件,若有,则进行自动挂载操作。

　　要注意的是这种挂载命令在机器重启后就会失效,为了让设备与目录永久地关联,必须将挂载信息按指定的格式写入到配置文件/etc/fstab 中,这样才能在每次开机后自动检测并挂载。配置文件/etc/fstab 中各列字段分别为设备文件、挂载点、格式类型、权限选项、是否备份、是否自检,如图 5-1 所示。

```
# <file system> <mount point>   <type>  <options>        <dump>  <pass>
# /dev/sda5 LABEL=SYSROOT
UUID=a73bd06e-1890-4b38-bedf-df1685392d81      /          ext4         rw,relatime    0 1

# /dev/sda1 LABEL=SYSBOOT
UUID=21122a6b-98b4-4bc7-bbf4-9350b422130c      /boot      ext4         rw,relatime    0 0

# /dev/sda7 LABEL=DATA
UUID=4ae6cccd-417a-4d00-9aa3-5b1544d3a1ff      /data      ext4         rw,relatime    0 0

# /dev/sda6 LABEL=KYLIN-BACKUP
UUID=9461658e-4a72-4ba9-9986-aa0b6faa91b1      /backup    ext4         noauto         0 0


# /dev/sda8 LABEL=SWAP
UUID=3062a384-b101-456b-931f-a925a6d5ab6a      none       swap         defaults       0 0

/data/home    /home    none    defaults,bind        0 0
/data/root    /root    none    defaults,bind        0 0
```

图 5-1　/etc/fstab 详细信息

其对应的字段意义如下:

1)设备文件:一般为设备路径名称,也可以是 UUID。

2)挂载目录:指定要挂载的目录,要在挂载前创建好。

3)格式类型:指定文件系统格式,如 Ext3、Ext4、SWAP 等。

4)权限选项:若设置为 defaults,则默认为 rw、suid、dev、exec、auto、nouser、async。

5)是否备份若为 1 则开机后采用 dnmp 进行磁盘备份,为 0 时不备份。

6)是否自检若为 1 则开机后进行磁盘自检,为 0 不自检。

(3)实例 2:挂载一个 FAT32 文件系统的 U 盘。

♯ mount -t　vfat　/dev/sda1　/mnt/udisk

(4)实例 3:若该 U 盘中有中文名字,为防止乱码需要进行编码转换,可使用如下命令。

♯ mount -t　vfat -o iocharset ＝ cp936　/dev/sda1　/mnt/udisk

(5)实例 4:Linux 系统可直接访问 ISO 镜像文件,方法是使用带有 -o loop 选项的 mount 命令挂载 ISO 镜像文件。

♯ mount　-t iso9660 -o loop xxx. iso　/mnt/iso

挂载 U 盘和挂载光盘的方式是一样的,只不过光盘的设备文件名是固定的(/dev/sr0 或 /dev/cdrom),而 U 盘的设备文件名是在插入 U 盘后系统自动分配的。因为 U 盘使用的是硬盘的设备文件名,而每台服务器上插入的硬盘数量和分区方式都是不一样的,所以 U 盘的设备号需要单独检测与分配,以免和硬盘的设备文件名产生冲突。实际操作时,我们只要查找出来然后挂载就可以了。

2. 卸载命令 umount

文件系统挂载使用后,如要卸载,就可以使用卸载命令 umonut,利用设备名或挂载点都能 umount 文件系统,不过最好还是通过挂载点卸载,以免使用绑定挂载(一个设备,多个挂载点)时产生混乱。

(1)命令格式:umount［参数］设备文件。

参数含义:

• -n:卸除时不要将信息存入/etc/mtab 文件中。

• -r:若无法成功卸除,则尝试以只读的方式重新挂入文件系统。

• -t＜文件系统类型＞:仅卸除选项中所指定的文件系统。

• -v:执行时显示详细的信息。

(2)实例:

1)通过设备名卸载:♯umount -v /dev/sda1

2)通过挂载点卸载:♯umount -v /mnt/udisk/

如果设备正忙,卸载可能会失败,应当关闭文件或退出当前目录再执行卸载。

5.3.4　常用磁盘操作命令

在 Linux 系统中,系统软件和应用软件都是以文件的形式存储在计算机的磁盘空间中的。因此,应该随时监视磁盘空间的使用情况。Linux 磁盘管理常用三个命令为 fdisk、df、du。

1)fdisk:用于磁盘分区。

2)df:disk full,列出文件系统的整体磁盘使用。

3)du:disk used,检查磁盘空间使用量。

管理磁盘设备最常用的方法就是用 fdisk 命令了,其参数是交互式的,使用起来非常方便。

1. fdisk 命令

fdisk 命令用于管理硬盘分区,用来进行创建分区、删除分区、查看分区等基本操作,由于分区操作是一项比较危险的操作,建议只在安装操作系统前进行,下面只讨论使用 fdisk 命令查看分区信息。

(1)实例 1:列出系统所有分区信息。 #fdisk -l

(2)实例 2:列出系统中的根目录所在磁盘,并查阅该硬盘内的相关信息。 #fdisk /

2. df 命令

检查文件系统的磁盘空间占用情况。一般用于查看已挂载磁盘的总容量、使用容量和剩余容量。

(1)命令格式:df ［参数］［目录或文件名］。

常用参数含义:

• -a:列出所有文件系统,包括系统特有的/proc 等文件系统;

• -k:以 KBytes 的容量显示各文件系统;

• -m:以 MBytes 的容量显示各文件系统;

• -h:以较易阅读的格式自行显示,比如:GBytes、MBytes、KBytes;

• -H:以 M=1000K 取代 M=1024K 的进位方式;

• -T:显示文件系统类型;

• -i:不用磁盘容量,以 inode 的数量来显示。

(2)实例: df -tH

3. du 命令

du 命令(disk usage)用来展示磁盘使用量的统计信息,du 命令是对文件和目录磁盘使用的空间进行查看,和 df 命令有一些区别的。du 侧重查看文件夹和文件的磁盘占用方面,而 df 侧重查看文件系统级别的磁盘占用方面。df 命令不但把这个目录下所有文件的大小都统计在内,而且还把这个目录所有正在运行的进程以及没有删除干净的缓存文件都计算在内。

du 命令用来查看文件占用的空间大小。

(1)格式:du［命令参数］［文件名］

常用参数含义:

• -k:以 KB 为计数单位。

• -m:以 MB 为计数单位。

• -b:以字节为计数单位。

• -a:对所有文件与目录进行统计。

• -c:显示所有文件和目录的大小总和。

- -h：以人类可读的方式进行显示(KB/MB/GB)。
- -s：仅显示总大小。
- -l：重复计算硬链接文件大小。
- -D：显示符号链接指向的源文件大小。
- -L：显示符号链接所指向文件的大小。
- -S：显示目录大小时，不包含子目录大小。
- -max-depth n：显示的最大层数。
- -time [ctime/atime/mtime]：显示[创建/访问/更新]时间

(2)实例 1：查看当前目录下所有子目录的大小。

♯du -h

(3)实例 2：统计当前目录占用空间大小。

♯du -sh

(4)实例 3：查看当前目录下所有文件与目录的大小与更新时间。

♯du -sh --time *

(5)实例 4：查看当前目录下所有文件与目录的大小并按大小排序倒序输出。

♯du -sh * ｜ sort -rh

5.4　进 程 管 理

在 Linux 系统里，当前正在运行的程序实例称为进程。比如，当用户启动某个程序时，系统会为它分配一个进程 ID，然后就可以用这个 ID 监视和控制这个程序。进程监视和控制是任何 Linux 系统管理员的核心任务。一个管理员可以终止、重启一个进程，甚至可以为它指定一个不同的优先级。本节说明如何用命令来管理 Linux 系统中的进程。

5.4.1　进程的概念

进程(Process)是指程序实体的运行过程，是系统进行资源分配和调度的独立单位，是操作系统动态执行的基本单元。进程和程序是两个不同的概念，程序是为了完成特定任务、用某种语言编写的一组指令的集合。而进程是一个程序的动态执行过程，它具有生命期，是动态产生和消亡的，进程作为资源分配的单位，系统在运行时会为每个进程分配不同的内存区域。创建进程的目的是使多个程序并发地执行，从而提高系统资源的利用率和吞吐量。进程可进一步细化为线程(thread))，线程是操作系统能够进行运算调度的最小单位。它被包含在进程之中，是进程中的实际运作单位，一条线程指的是进程中一个单一顺序的控制流，一个进程中可以并发多个线程，多个线程共享相同的内存单元，每条线程并行执行不同的任务。

进程的属性主要有进程 ID 和进程状态两种：

(1)进程 ID(PID)：是唯一的数值，用来区分各个不同的进程。

(2)进程状态:主要的状态包括运行 R(running)、休眠 S(sleep)、僵尸 Z(zombie),除此之外还有不可中断 D、停止 T 等。

5.4.2　进程的控制命令

1.查看进程命令 ps

要对系统中的进程进行监测和控制,首先要了解进程的当前运行情况,在 Linux 系统中,使用 ps 命令查看进程状态。

(1)命令格式:ps　　［参数］

常用参数含义:

- a:显示跟当前终端关联的所有进程。
- u:基于用户的格式显示(U:显示某用户 ID 所有的进程)。
- x:显示所有进程,不以终端机来区分。
- f:显示进程的详细信息。
- l:显示进程的详细列表。
- e:显示包括系统进程的所有进程。

一般使用 ps -aux 或 ps -ef 组合使用。

(2)实例:# ps aux(见图 5-2)

```
root@KyLinux-VMware:~# ps aux
USER        PID %CPU %MEM    VSZ   RSS TTY      STAT START   TIME COMMAND
root          1  0.1  0.4 168132  9804 ?        Ss   10:46   0:01 /sbin/init splash
root          2  0.0  0.0      0     0 ?        S    10:46   0:00 [kthreadd]
root          3  0.0  0.0      0     0 ?        I<   10:46   0:00 [rcu_gp]
root          4  0.0  0.0      0     0 ?        I<   10:46   0:00 [rcu_par_gp]
root          6  0.0  0.0      0     0 ?        I<   10:46   0:00 [kworker/0:0H-events_highpri]
root          7  0.0  0.0      0     0 ?        I    10:46   0:00 [kworker/0:1-events]
root          8  0.0  0.0      0     0 ?        I    10:46   0:00 [kworker/u256:0-events_power_efficient]
root          9  0.0  0.0      0     0 ?        I<   10:46   0:00 [mm_percpu_wq]
root         10  0.0  0.0      0     0 ?        S    10:46   0:00 [rcu_tasks_rude_]
root         11  0.0  0.0      0     0 ?        S    10:46   0:00 [rcu_tasks_trace]
root         12  0.0  0.0      0     0 ?        S    10:46   0:00 [ksoftirqd/0]
root         13  0.0  0.0      0     0 ?        I    10:46   0:00 [rcu_sched]
root         14  0.0  0.0      0     0 ?        S    10:46   0:00 [migration/0]
root         15  0.0  0.0      0     0 ?        S    10:46   0:00 [idle_inject/0]
```

图 5-2　ps aux **案例**

图 5-2 的参数输出每列的含义如下:

1)USER:启动这些进程的用户

2)PID:进程的 ID

3)CPU:进程占用的 CPU 百分比;

4)MEM:占用内存的百分比;

5)VSZ:进程占用的虚拟内存大小(单位:KB);

6)RSS:进程占用的物理内存大小(单位:KB);

7)STAT:该程序目前的状态,Linux 进程有以下 5 种基本状态:

①R:该程序目前正在运作,或者是可被运作。

②S:该程序目前正在睡眠当中,但可被某些信号(signal)唤醒。

③T:该程序目前正在侦测或者是停止了;

④Z:该程序应该已经终止,但是其父程序却无法正常地终止它,造成 zombie(僵尸)程序的状态。

⑤D:不可中断状态.。

8)5 个基本状态后,还可以加一些字母,比如:Ss、R+等,它们的含义如下:

①<:表示进程运行在高优先级上。

②N:表示进程运行在低优先级上。

③L:表示进程有页面锁定在内存中。

④s:表示进程是控制进程。

⑤l:表示进程是多线程的。

⑥+:表示当前进程运行在前台。

9)START:该 process 被触发启动的时间;

10)TIME:该 process 实际使用 CPU 运作的时间。

11)COMMAND:该程序的实际指令。

2. 动态查看运行的进程命令 top

top 与 ps 命令很相似,它们都用来显示正在执行的进程。

top 与 ps 最大的不同之处,在于 top 在 执行一段时间可以实时更新正在运行的进程,类似于 Windows 的任务管理器里的"进程"。如图 5-3 所示。

```
root@KyLinux-VMware:~# top

top - 11:17:02 up 30 min,  1 user,  load average: 2.06, 2.13, 1.95
任务: 292 total,   1 running, 290 sleeping,   0 stopped,   1 zombie
%Cpu(s):  0.3 us,  0.3 sy,  0.0 ni, 99.4 id,  0.0 wa,  0.0 hi,  0.1 si,  0.0 st
MiB Mem :   1954.2 total,    268.6 free,    831.4 used,    854.2 buff/cache
MiB Swap:   2343.0 total,   2134.2 free,    208.8 used.    924.5 avail Mem

  进程号 USER      PR  NI    VIRT    RES    SHR   %CPU  %MEM     TIME+ COMMAND
   1570 islivi    20   0 4633156 120360  81664 S   3.7   6.0   1:39.39 ukui-kwin_x11
    974 root      20   0 1802572 107548  56552 S   1.3   5.4   0:25.88 Xorg
   2494 islivi    20   0  645688  70308  46280 S   1.3   3.5   0:05.79 mate-terminal
   2792 root      20   0  216172  65268  38176 S   0.7   3.3   0:01.13 kylin-update-ma
   1571 islivi    20   0 2303228  42308  35692 S   0.3   2.1   0:06.50 ukui-panel
   1573 islivi    20   0 2531660  50216  40756 S   0.3   2.5   0:02.38 ukui-sidebar
   1878 islivi    20   0  433952   8412   8232 S   0.3   0.4   0:00.58 kmdaemon
   1886 islivi    20   0 2463244  43244  26732 S   0.3   2.2   0:01.40 kylin-printer
      1 root      20   0  168132   9772   6604 S   0.0   0.5   0:01.62 systemd
      2 root      20   0       0      0      0 S   0.0   0.0   0:00.00 kthreadd
      3 root       0 -20       0      0      0 I   0.0   0.0   0:00.00 rcu_gp
      4 root       0 -20       0      0      0 I   0.0   0.0   0:00.00 rcu_par_gp
```

图 5-3 top 进程

(1)第 1 行:系统时间、运行时间、登录终端数、系统负载(三个数值分别为 1 min、5 min、15 min 内的平均值,数值越小意味着负载越低)。

(2)第 2 行:进程总数、运行中的进程数、睡眠中的进程数、停止的进程数、僵死的进程数。

(3)第 3 行:用户占用资源百分比、系统内核占用资源百分比、改变过优先级的进程资源百分比、空闲的资源百分比等。其中数据均为 CPU 数据并以百分比格式显示,例如"97.1 id"意味着有 97.1%的 CPU 处理器资源处于空闲。

(4)第 4 行:物理内存总量、内存使用量、内存空闲量、作为内核缓存的内存量。

(5)第 5 行:虚拟内存总量、虚拟内存使用量、虚拟内存空闲量、已被提前加载的内存量。

(6)第 6 行:

1)进程号:进程 id。

2)USER:进程所有者。

3)PR :进程优先级。

4)NI:nice 值,负值表示高优先级,正值表示低优先级。

5)VIRT:进程使用的虚拟内存总量,单位 kb。VIRT=SWAP+RES。

6)RES:进程使用的、未被换出的物理内存大小,单位 kb。RES=CODE+DATA。

7)SHR:共享内存大小,单位 kb。

8)S:进程状态。D=不可中断的睡眠状态,R=运行,S=睡眠,T=跟踪/停止,Z=僵尸进程。

9)CPU:上次更新到现在的 CPU 时间占用百分比。

10)MEM:进程使用的物理内存百分比。

11)TIME+:进程使用的 CPU 时间总计,单位 1/100 s。

12)COMMAND:进程名称(命令名/命令行)。

按"q"退出 top 命令。

3. 查看系统负载命令 uptime

```
root@KyLinux-VMware:~# uptime
 11:20:02 up 33 min,  1 user,  load average: 2.08, 2.10, 1.98
```

图 5-4 查看系统负载命令 uptime

图 5-4 的含义如下:

(1)当前时间,系统运行时间,当前登录用户系统负载 1 min,5 min,15 min 的平均负载。

(2)那么什么是系统平均负载呢? 系统平均负载是指在特定时间间隔内运行队列中的平均进程数。

(3)如果每个 CPU 内核的当前活动进程数不大于 3 的话,那么系统的性能是良好的。

(4)如果每个 CPU 内核的任务数大于 5,那么这台机器的性能有严重问题。

(5)如果你的 linux 主机是 1 个双核 CPU 的话,当 Load Average 为 6 的时候说明机器已经被充分使用。

思考题

1. 如何使用 Linux 系统的命令行来添加和删除用户？

2. 简述 Linux 的四个账号文件及其各个字母的含义。

3. 简要说明 RPM 和 deb 包安装、升级、删除、查询的方法。

4. 命令 df 和 du 的区别是什么？

5. 查看进程命令 ps 和 top 有什么区别？

第6章　vi 编辑器和 Shell 程序设计

主流 Linux 系统中,用户无论是创建文本文件,还是编写程序或者配置系统环境都要用到文本编辑器。Linux 操作系统提供了许多文本编辑器,比如 vi、emacs、gedit 等等,国产操作系统麒麟和统信也是基于 vi 文本编辑器的,传统的 Linux 程序员往往首选经典的 vi 或 emacs 编辑器,在桌面环境也可以直接使用 gedit。

本章第一部分对 vi 编辑器进行简单的介绍,重点介绍 vi 编辑器的启动、保存、退出以及切换工作方式等内容,并对 vi 编辑器建立、编辑、处理文件的操作方法进行详细的介绍;第二部分介绍了 Shell 程序设计,利用 Shell 脚本程序可以把命令有机地组合起来,形成功能强大、使用灵活、交互能力强的脚本,可以极大提高用户管理、使用 Linux 系统的工作效率。

6.1　vi 编辑器

6.1.1　文本编辑工具 vi 介绍

在 Linux/UNIX 系统中常用 vi 命令完成一些配置文件的编辑或者其他文件的修改工作,vi 是非常便捷的文本编辑器。

vi 是 visual interface 的简称,vi 编辑器汇集了行编辑器和全屏幕编辑器的特点。在 Linux 系统中,还提供了 vim(vi improved)编辑器,它是 vi 的增强版本,与 vi 编辑器兼容。

(1)打开 vi 编辑器。在系统提示符(设为 $)下输入命令 vi 和想要编辑(建立)的文件名,便可进入 vi。如果 vi 命令不带文件名参数,则需在保存时指定文件名。如果指定了文件名参数如 file 且文件不存在,则 vi 编辑器会自动新建一个名为 file 的文件,若 file 已存在,则打开该文件。

命令格式:vi [filename]

(2)在 vi 中保存或另存文件。通常,在打开 vi 编辑器时会指定文件名,若是以未命名文件名的形式直接打开了编辑器或要将文件另存为新名称时,要在 vi 编辑器中保存时指定文件名。

要在 vi 中保存时指定文件名,需先按 Esc 键退出插入模式,切换到命令模式(vi 的三种模式在后面介绍),然后使用如表 6-1 所示命令。

表　6-1　vi 编辑器中的保存命令(一)

命　令	功　能
:w	将文件以当前的文件名保存并继续编辑
:w ＜filename＞	将文件命名(未知文件名)或者另存为 filename
:wq ＜filename＞	将文件命名(未知文件名)或者另存为 filename 后退出 vi

此外,还可以将文件保存到指定目录。只需执行上述操作时,提供保存文件的完整路径,如:wq /home/admin/filename。

如果使用已经存在的文件名,系统会提示一条错误消息"E13:File exists(add ! to override)"。用户根据提示确定是否要覆盖文件,在写命令的末尾添加一个感叹号(见表 6-2)即可覆盖。

表　6-2　vi 编辑器中的保存命令(二)

命　令	功　能
:wq! ＜filename＞	将文件命名(未知文件名)或者另存为 filename 后强制退出 vi

(3)退出 vi 编辑器,使用如表 6-3 所示命令。

表 6-3　退出 vi 编辑器

命　令	功　能
:wq	把编辑缓冲区的内容写到所编辑的文件中,退出编辑器,回到 Shell 下
ZZ	(大写字母 ZZ,注意无冒号)仅当文件作过修改时才将缓冲区内容写到文件上
:x	与 :ZZ 相同
:q!	强行退出 vi。感叹号(!)表示无条件退出,丢弃缓冲区内容

注意:在退出 vi 时,应考虑是否需要保存所编辑的内容,然后再执行合适的退出命令。

6.1.2　vi 编辑器的三种工作方式

vi 编辑器有三种基本工作方式(或三种模式),分别是命令方式、插入方式和末行方式。

1. vi 工作方式简介

(1)命令方式。命令方式是进入 vi 编辑器后的默认方式。任何时候,不管用户处于何种方式,按下"Esc"键即可进入命令方式。此时从键盘上输入的任何字符都被当作命令来解释。若输入的字符是合法的 vi 命令,则 vi 编辑器在接收用户命令之后完成相应的动作。

注意:在命令方式下输入的命令字符并不在屏幕上显示出来。

(2)插入方式。在命令方式输入 vi 的插入命令(ⅰ)、附加命令(a)、打开命令(o)、替换命令(s)、修改命令(c)或取代命令(r)都可以从命令方式进入到插入方式。

在插入方式下所有命令不再起作用,仅作为普通字母处理,并将其显示在屏幕上。由插入方式回到命令方式的办法是按"Esc"键(在键盘的左上角)。

(3)末行方式。在命令方式下输入一个冒号(:)就进入末行方式。末行方式执行完成后,vi 自动回到命令方式。多数文件管理命令都是在末行方式下执行的(如读取文件、把编辑缓冲区的内容写到文件中)。

例如::1,＄s/I/i/g(按 Enter 键)

以上命令的功能是将文件第一行到最后一行的所有大写 I 替换成小写 i。

2. vi 工作方式之间的切换

要从命令方式转换到插入方式,可以输入命令 a、i 或其他文本编辑命令。若需要返回命令方式,则按下 Esc 键即可。在命令方式下输入冒号(:)可切换到末行方式,然后输入命令。

vi 编辑器的 3 种工作方式的切换方法如图 6-1 所示。

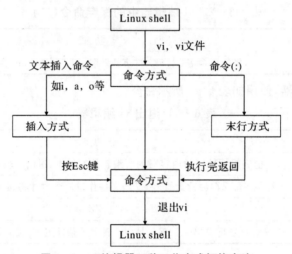

图 6-1　vi 编辑器三种工作方式切换方法

6.1.3　光标移动命令

在命令方式下要上下左右移动光标按照如下操作方式进行。

(1)向右(向后)移动一个字符。使用命令(键)l(小写字母)、Space 键、右向键将光标向右移动一个字符。

(2)向左(向前)移动一个字符。使用命令(键)h(小写字母)、Backspace 键、左向键将光标向左移动一个字符。

(3)移到下一行。使用命令(键)+、Enter 键将光标移到下一行的开头。命令(键)j、Ctrl+N 键和下向键分别将光标向下移一行,所在列不变。

(4)移到上一行。可以使用命令(键)-、k(小写字母)、Ctrl+P 键、上向键将光标上移一行。命令方式下光标移动如图 6-2 所示。

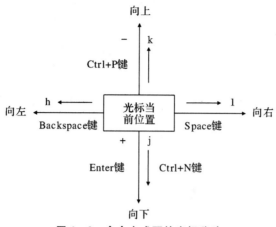

图 6 - 2　命令方式下的光标移动

移动命令键还可搭配数字使用,若在相应命令前加数字 n,则表示将光标相应移动 n 个字符。例如:

1)若为 6l,则向右移 6 个字符(但不能跨行);

2)若为 4h,则向左移动 4 个字符 (但不能跨行);

3)若为 3j,则向下移 3 行,光标位于行首;

4)若为 6k,则光标上移 6 行,列数不变。

(5)移至行首。使用命令(键)^ 或 0(数字 0)将光标移到当前行的开头。

例如:

#! /bin/bash

this is a shell script

echo "Hello World!"

echo "Hello L inux!"

输入^命令后,光标移至字母 e。

(6)移至行尾。可以使用命令(键)$ 将光标移至当前行的行尾,停在最后一个字符上。

(7)移至指定行。可以使用命令(键)[行号]G(大写字母)将光标移至行号所指定的行的开头。

(8)移至指定列。可以使用命令(键)[列号]|(竖杠)将光标移至当前行指定的列上。

6.1.4　文本输入命令

(1)插入命令,见表 6 - 4。

表 6 - 4　插入命令

命　令	功　能
i	插在光标位置之前
I	在光标所在行的行首插入新增文本

例如,原来的屏幕显示如图 6 - 3(a)所示。

```
#!/bin/bash
#this is a shell script
"Hello World!"
echo "Hello Linux!"
~
              3,8      全部
```
(a)

```
#!/bin/bash
#this is a shell script
Hello World!"
echo "Hello Linux!"
~
-- 插入 --     3,1      全部
```
(b)

```
#!/bin/bash
#this is a shell script
echo "Hello World!"
echo "Hello Linux!"
~
-- 插入 --     3,6      全部
```
(c)

图 6 - 3　屏幕显示(一)

(a)原来的屏幕;(b)输入命令 I 后的屏幕;(c)输入 echo 和一个空格后

(2)附加命令,见表 6 - 5。

表 6 - 5　附加命令

命　令	功　能
a	插在光标位置之后
A	在光标所在行的行尾插入新增文本

例:

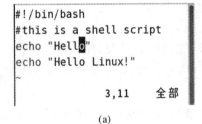

```
#!/bin/bash
#this is a shell script
echo "Hello"
echo "Hello Linux!"
~
              3,11     全部
```
(a)

```
#!/bin/bash
#this is a shell script
echo "Hello World!"
echo "Hello Linux!"
~
-- 插入 --     3,19     全部
```
(b)

图 6 - 4　屏幕显示(二)

(a)原来的屏幕显示;(b)输入命令 a 和字符串",world"后

(3)打开命令,见表 6 - 6。

表 6 - 6　打开命令

命　令	功　能
o	在光标所在行的下面新开辟一行,随后输入的文本就插入在这一行上
O	在光标所在行的上面新开辟一行,随后输入的文本就插入在这一行上

例如:

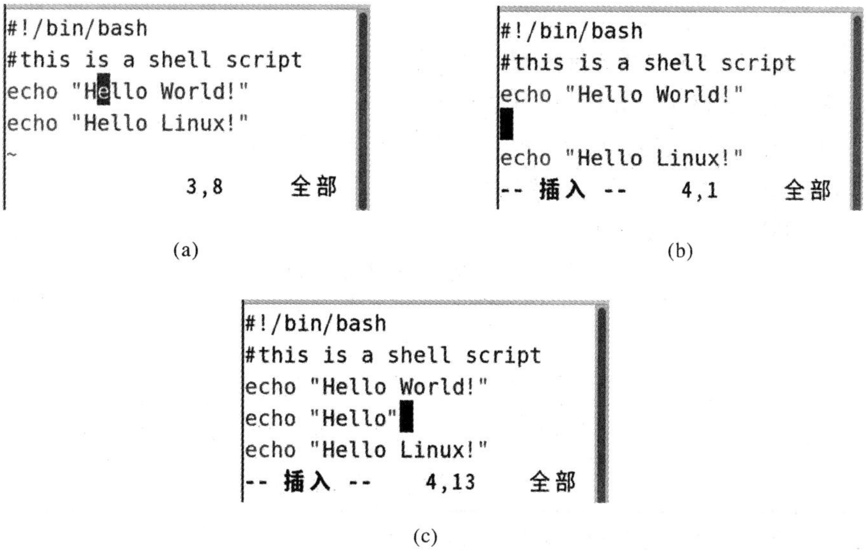

```
#!/bin/bash
#this is a shell script
echo "He█lo World!"
echo "Hello Linux!"
~

              3,8      全部
```

(a)

```
#!/bin/bash
#this is a shell script
echo "Hello World!"
█
echo "Hello Linux!"
-- 插入 --    4,1      全部
```

(b)

```
#!/bin/bash
#this is a shell script
echo "Hello World!"
echo "Hello"█
echo "Hello Linux!"
-- 插入 --    4,13     全部
```

(c)

图 6 - 5　屏幕显示(三)

(a)原来的屏幕;(b)输入小写字母 o 后;(c)输入 echo"Hello"后

(4)插入方式下光标移动。

在键盘的右下方有四个方向键,利用它们可以在插入方式下移动光标。

利用 Backspace 退格键可删除光标之前的一个字符。

例如,原来屏幕显示如下(█ 表示光标位置):

echo "Hello Worldrld█"

连续输入 3 次<Backspace>后,屏幕显示如下:

echo "Hello World█"

6.1.5　文本修改命令

1.文本删除和复制

(1)删除字符,见表 6 - 7。

表 6 - 7　删除字符

命　令	功　能
x	删除光标所在的字符
X	删除光标前面的那个字符

(2)删除文本行,见表 6 - 8。

表 6 - 8　删除文本行

命　令	功　能
dd	删除光标所在的整行
D	从光标位置开始删除到行尾
d+<光标移动命令>	删除从光标位置开始至光标移动命令限定的位置之间的所有字符

例如：

1)do 从光标位置(不包括光标位)删至行首。

2)d3l 从光标位置(包括光标位)向左删 2 个字符。

3)d$ 从光标位置(包括光标位)删至行尾。与 D 功能相同。

4)d3G 将光标所在行至第 3 行都删除。

(3)复制和粘贴文本,见表 6-9。

表 6-9　复制和粘贴文本

命　令	功　能
y	复制光标所在字符,按 yw 复制光标所在处到字尾的字符
yy	复制光标所在行,按 nyy 键复制从光标所在行开始往下 n 行
p	将缓冲区的内容粘贴到光标所在的位置

注意:删除和复制的内容都将被放到内存缓冲区。

2.复原命令

复原命令,见表 6-10。

表 6-10　复原

命　令	功　能
u	取消前面刚执行的插入或删除命令的效果,恢复到此前的情况
U	总是把当前行恢复成被编辑之前的状态

例如,原来屏幕显示如下(█ 表示光标位置):

♯! /bin/bash

♯this is a shell script

echo "Hello World! "

echo "Hello Linux!"

输入 dd 后,屏幕显示如下:

♯! /bin/bash

♯this is a shell script

echo "Hello Linux!"

接着输入 u 复原命令,屏幕显示如下(类似于 Windows 的"撤销"功能):

♯! /bin/bash

♯this is a shell script

echo "Hello World!"

echo "Hello Linux!"

3.重复命令

重复命令见表 6-11。

表 6 - 11 重复命令

命　令	功　能
·（圆点）	在命令方式下,重复执行前面最近一次插入命令或删除命令

例如,原来屏幕显示如下:

♯! /bin/bash

♯ this is a shell script

echo "Hello World! "▮

输入 o 命令,并插入一行正文"printf();",按 Esc 键后,屏幕显示如下:

♯! /bin/bash

♯ this is a shell script

echo "Hello World!"

echo "Hello Linux! "▮

连续输入两个.（圆点）重复命令后,屏幕显示如下:

♯! /bin/bash

♯ this is a shell script

echo "Hello World!"

echo "Hello Linux!"

echo "Hello Linux!"

echo "Hello Linux! "▮

输入一个 dd,再输入.（圆点）重复命令后,按 Esc 键后,屏幕显示如下:

♯! /bin/bash

♯ this is a shell script

echo "Hello World!"

e cho "Hello Linux!"

4. 修改命令

命令 c、C 和 cc 的功能是修改文本对象,即用新输入的文本代替老的文本。

(1)命令 c。命令 c 后面紧随光标移动命令(用来限定删除文本的范围),之后是新输入的文本,最后按 Esc 键。

例如,原来屏幕显示如下(注意光标▮ 的位置):

♯! /bin/bash

♯ there are a shell script

echo "Hello World!"

echo "Hello Linux!"

输入命令 c^(删除光标到行首的所有字符),屏幕显示如下:

♯! /bin/bash

 a shell script

echo "Hello World!"

echo "Hello Linux!"

输入"/ * this is",按 Esc 键退出插入方式,屏幕显示如下:

＃！/bin/bash

＃this is a shell script

echo "Hello World!"

echo "Hello Linux!"

(2)命令 C。命令 C 后面紧接新输入的文本,最后单击 Esc 键。它等价于:c＄。

例如,原来屏幕显示如下:

＃！/bin/bash

＃this is a C source code

echo "Hello World!"

echo "Hello Linux!"

输入命令 C,屏幕显示如下:

＃！/bin/bash

＃this is a

echo "Hello World!"

echo "Hello Linux!"

输入"shell script",按 Esc 键退出插入方式,屏幕显示如下:

＃！/bin/bash

＃this is a shell script

echo "Hello World!"

echo "Hello Linux!"

(3)命令 cc。命令 cc 删除光标所在行整行(不是行的一部分),用随后输入字符串替代。其余作用与 C 命令相同。

例如,原来屏幕显示如下:

＃！/bin/bash

＃this is a C source code

echo "Hello World!"

echo "Hello Linux!"

输入命令 cc,屏幕显示如下:

＃！/bin/bash

echo "Hello World!"

echo "Hello Linux!"

输入"/ * this is a shell script * /",按 Esc 键退出插入方式,屏幕显示如下:

＃！/bin/bash

＃this is a shell script

echo "Hello World!"

echo "Hello Linux!"

注意:C 和 cc 前面还可以加上数字,表示要修改的行数。

5.取代命令

(1)命令 r。r 命令可用随后输入的单个字符取代光标所在的字符。

例如,原来屏幕显示如下(光标在字母"a"上):

♯! /bin/bash

read a j

let sum= $i+ $j

echo "sum=" $sum

输入命令 ri,屏幕显示如下:

♯! /bin/bash

read i j

let sum= $i+ $j

echo "sum=" $sum

注意:r 前加数字 n 表示光标开始向右的 n 个字符替换为相应字符(使用方法如 3rA)。

(2)命令 R。命令 R 用随后输入的文本取代光标所在字符及其右面的若干字符,每输入一个字符就替代原有的一个字符。

例如,原来屏幕显示如下(注意光标在字母"a"上):

♯! /bin/bash

read a b

let sum= $i+ $j

echo "sum=" $sum

输入命令 R,输入"i j",按 Esc 键退出,屏幕显示如下:

♯! /bin/bash

read i j

let sum= $i+ $j

echo "sum=" $sum

数字+R 命令+字符,可使新输入的字符重复若干次,覆盖后续字符,按 Esc 键。若新输入占多行,光标所在行被替换,其余不变,按 Esc 键退出。

6.替换命令

(1)命令 s。命令 s(小写)用随后输入的正文替换光标所在的字符。

例如,原来屏幕显示如下(光标在字母"C"上):

♯! /bin/bash

♯ this is a C script

read a b

let sum＝＄a＋＄b

echo "sum＝"＄sum

输入命令 s,屏幕显示如下:

♯! /bin/bash

♯ this is a script

read a b

let sum＝＄a＋＄b

echo "sum＝"＄sum

输入"good",按 Esc 键退出,屏幕显示如下:

♯! /bin/bash

♯ this is a shell script

read a b

let sum＝＄a＋＄b

echo "sum＝"＄sum

(2)命令 S。S(大写)用新输入的正文替换整个当前一行。

例如,原来屏幕显示如下:

♯! /bin/bash

♯ this is a shell script

read i j

let sum＝＄a＋＄b

echo "sum＝"＄sum

输入命令 S,屏幕显示如下:

♯! /bin/bash

♯ this is a shell script

let sum＝＄a＋＄b

echo "sum＝"＄sum

输入要替换的文本内容"read a b",按 Esc 键退出,屏幕显示如下:

♯! /bin/bash

♯ this is a shell script

read a b

let sum＝＄a＋＄b

echo "sum＝"＄sum

6.1.6　字符串操作

1. 字符串检索

/string 用于检索一个字符串。例如要查找字符串 echo,可以使用下面这条命令:

/echo

注意：在命令模式下输入"/"后，vi 编辑器窗口的底部会出现一个命令行，输入要检索的字符串按回车键后即可检索，检索过程中可使用命令 n 跳转到下一个出现字符串的位置。除此外还可指定检索方向，向前检索命令为"/"，与之相对的向后查找命令为"?"。

（1）向前（下）检索命令的基本格式：

/字符串〈Enter〉

例如：/echo〈Enter〉

（2）向后（上）检索命令的基本格式：

? 字符串〈Enter〉

例如：? echo〈Enter〉

（3）n 命令。

n 命令重复上一条检索命令。

（4）N 命令。

N 命令重复上一条检索命令，但检索方向改变。例如上次的检索命令是向前检索，那么此次检索的方向是向后；如果上次的检索命令是向后检索，那么此次检索的方向是向前。

2. 字符串替换

替换字符串的基本格式：

:[range]s/pattern/string/[c,e,g,i]

这条命令将 pattern 所代表的字符串替换为 string。开头的 range 用于指定替换的范围。如"1,4"表示从第 1 行到第 4 行，"1，$"表示从第 1 行到最后一行，也就是全文，或者用"%"表示。

最后的方括号内的字符是替换选项，含义见表 6-12。

表　6-12

标　志	含　义
c	每次替换前询问
e	不显示错误信息
g	替换一行中的所有匹配项（这个选项通常需要使用）
i	不区分大小写

利用 :s 命令可以实现字符串的替换。常用用法如下：

1）:s/str1/str2/替换当前行的第一个 str1 为 str2。

2）:s/str1/str2/g 替换当前行的所有 str1 为 str2。

3）:.，$ s/str1/str2/g 替换当前行到最后一行所有 str1 为 str2。

4）:n，$ s/str1/str2/g 替换第 n 行到最后一行所有 str1 为 str2。

5）:%s/str1/str2/g（等同于:g/str1/s//str2/g）替换所有行的所有 str1 为 str2。

6）:%s/str1/str2/（等同于:g/str1/s//str2/）替换所有行的第一个 str1 为 str2。

综上所述，g 放在开头表示对所有行进行替换操作。若末尾标 g，则表示对指定行的所有指定字符串进行替换;若未标 g,则表示只对每行第一个指定字符串进行替换。

6.1.7　其他全局性操作

在末行模式下还可以执行以下操作:

(1)列出行号:输入 set nu,按回车键,在文件的每一行前面都会列出行号。

(2)跳到某一行:输入数字,按回车键,就会跳到该数字指定的行。

(3)多文件操作:当用 vi 打开多个文件时,如 vi filename1 filename2,可以用:next 和:previous 命令在文件之间切换。

6.2　Shell 程序设计

6.2.1　Shell 特点

Shell 是 Linux 系统中提供用户与内核进行交互操作的接口。实际上,Shell 是一个命令解释器,解释由用户输入的命令并且把它们送到内核。不仅如此,Shell 也有自己的编程语言可用于组合命令,允许用户编写由 Shell 命令组成的程序,通常称这种程序为 Shell 脚本。

1. Shell 的特点

(1)把已有命令进行适当组合构成新的命令;

(2)提供了文件名扩展字符(通配符,如 ＊ 、?、[]),使用单一字符串可匹配多个文件名;

(3)可以直接使用 Shell 的内置命令,如 Shell 中提供的 cd、echo、exit、pwd 等命令;

(4)允许灵活地使用数据流,提供通配符、输入/输出重定向、管道线等机制,方便了模式匹配、I/O 处理和数据传输;

(5)结构化的程序模块;

(6)提供了在后台(&)执行命令;

(7)提供了可配置的环境。

2. 常用 Shell 类型

(1)Bourne Shell(简称 sh)。Bourne Shell 是 AT&TBell 实验室的 Steven Bourne 为 AT&T 的 UNIX 开发的,它是 UNIX 的默认 Shell,也是其他 Shell 的开发基础。

(2)C-Shell(简称 csh)。C-Shell 是加州大学伯克利分校的 BillJoy 为 BSDUNIX 开发的,与 sh 不同,它的语法与 C 语言很相似。

(3)Korn Shell(简称 ksh)。Korn Shell 是 AT&T Bell 实验室的 David Korn 开发的,它集合了 C Shell 和 Bourne Shell 的优点,并且与 Bourne Shell 向下完全兼容。

(4)Bourne Again Shell(简称 bash)。Bourne Again Shell 是自由软件基金会(Free Software Foundation,GNU)开发的一个 Shell,它是 Linux 系统中默认的 Shell。bash 不但与 Bournes Shell 兼容,还继承了 C Shell、Korn Shell 等的优点。

6.2.2　Shell 脚本的建立和执行

1. 建立 Shell 脚本

建立 Shell 脚本的步骤同建立普通文本文件的方式相同,如下指令可建立名为 exp. sh 的 Shell 脚本。

$ vi exp. sh

2. 执行 Shell 脚本的方式

执行 Shell 脚本的常用方式基本上有以下两种。

(1)以脚本名作为参数,调用解释器执行脚本。解释器命令可选择 bash、sh、csh、ash、ksh 等。如果以当前 Shell 执行 Shell 脚本,解释器以“.”原点表示。其一般形式是:

$ bash 脚本名［参数］

$ ．　脚本名［参数］

(2)因为 Shell 脚本完成后无执行权限,所以可将 Shell 脚本的权限设置为可执行,然后在提示符下直接执行它。

$ chmod　a＋x　exp. sh

如上命令可将 exp. sh 脚本设置为对所有用户都赋予执行权限。然后将脚本所在目录(以“.”表示)添加到命令搜索路径(Shell 环境变量 PATH)中。命令如下所示:

$ PATH＝$ PATH:.

这样就可以在命令提示符后直接输入脚本名来执行该脚本。

$ exp. sh

如果没有把当前目录添加到 PATH 中,也可利用如下方式执行该脚本。

$ ./exp. sh

3. 第一个 Shell 程序

最经典的入门程序,莫过于打印“Hello World!”。利用这个程序,来看一看基本的 Shell 程序的构成。首先利用 vi 编辑器建立一个名为 hello 的文件(使用命令:vi hello. sh),并编辑该文件,内容如下:

♯! /bin/bash

♯Display a text

echo "Hello World!"

要执行这个 Shell 脚本,首先要为它加上可执行权限。完成操作后就可以执行脚本了。

$ chmod a＋x hello. sh　　　　♯为脚本增加可执行权限

$ ./hello. sh　　　　　　　　♯执行脚本

Hello World!

下面逐行解释这个脚本程序。

♯！/bin/bash

这一行是告诉 Shell 运行该脚本时应该选择哪个 Shell 程序。以上使用的是/bin/bash，也就是 Linux 默认的 BASH。一般来说，Shell 脚本的第一行总是以"♯!"开头，指定脚本的运行环境。若当前环境就是 BASH SHELL 时也可以省略这一行。

♯Display a text

以"♯"开头的行为注释行，Shell 会直接忽略"♯"后面的所有内容。接下来的空行 Shell 会忽略，保持写注释和用空行分割一个程序中的不同任务代码是良好的编程习惯。

echo "Hello World!"

echo 命令把其参数传递给标准输出，这里指显示器。如果参数为字符串，则需用双引号括起来。

6.2.3 Shell 变量和运算符

1.环境变量

环境变量是一些和当前 Shell 有关的变量，用于定义特定的 Shell 行为。常见的环境变量如下所示。

(1)HOME:用户主目录的全路径名。如用户注册名为 myname，则 HOME 的值为 /home/myname。

(2)LOGNAME:用户注册名，由 Linux 自动设置。

(3)PWD:当前工作目录的路径，与使用 pwd 命令获得的结果一致。

(4)PATH:Shell 查找命令的路径(目录)列表，各个目录用冒号(:)隔开。PATH 的默认值由系统设置。此外，用户也可设置 PATH，如果把当前目录添加到 PATH 变量中，那么可输入如下命令行:

$ PATH=$PATH:$PWD

(5)PS1:Shell 的命令主提示符，也可进行设置，例如:

$ PS1="\w\$ "

(6)SHELL:当前使用的 Shell。通常，它的值是/bin/bash。

(7)TERM:终端类型。

(8)MAIL:系统信箱的路径。

使用 printenv 命令可以查看当前 Shell 环境中的所有环境变量，也可用 echo 命令查看任何一个环境变量的值。在更改了变量的值以后，往往需要使用 export 将变量设置成为环境变量，而没有使用 export 设置的则是自定义变量，设置后环境变量可以在其进程的子进程中继续有效，而自定义变量则无效。例如:

$ export HOME PATH PS1

2.Shell 的用户自定义变量

(1) 简单变量定义和赋值。

变量名＝字符串

注意：在赋值号"＝"的两边没有空格

例如：myfile＝/home/user/ff/m1.c

变量名以字母或下划线开头的字母、数字和下划线组合而成，大小写字母意义不同。

（2）引用变量值。

在程序中引用变量值时，需在变量名前面加上一个"＄"符号。

＄dir＝/home/CentOS/folder

＄echo ＄dir

/home/CentOS/folder（显示变量 dir 的值）

＄echo dir

dir（显示一般的字符串常量 dir）

＄echo ＄Dir

（未对 Dir 显示一个空串）

如果在赋给变量的值中含有空格、制表符或换行符，那就应该用双引号把这个字符串括起来。

＄str1＝"hello world"

＄echo ＄str

hello world

＄str2＝hello world

bash：hello：command not found

＄echo ＄str2

＄

应注意的情况：

1）一个变量的值可以作为某个长字符串中的一部分。如果它在长字符串的末尾，就可以利用直接引用形式。

2）如果变量值出现在长字符串的开头或者中间，为了使变量名与其后的字符区分开，避免 Shell 把它与其他字符混在一起视为一个新变量，则应该用花括号将该变量名括起来。例如：

＄dir＝/home/cent

＄cat ＄{dir}os/file（将把文件/home/centos/file 显示出来）

＄cat ＄diros/file（系统会给出错误信息）

3）利用 Shell 变量可为长字符串提供简写形式。

＄dir1＝/home/prog

＄ls ＄dir1（把目录/home/prog 的内容列出来。）

＄cat ＄{dir1}/file（把上述目录中的 file 文件显示出来）

3. 数组

对数组元素赋值的一般形式是:数组名[下标]=值

注意:数组下标从 0 开始。

例如:

$ week[0]= Monday

$ week[1]= Tuesday

$ week[2]= Wednesday

此外还可用 declare 命令显式声明一个数组,一般形式是:

declare -a 数组名

读取数组元素值的一般格式是:${数组名[下标]}

例如:$ echo　${week[0]}

数组初始化的一般形式是:数组名=(值1　值2　…　值n)

例如:

$ A=(this is an example of Shell script)

$ echo ${A[0]} ${A[2]} ${A[3]} ${A[6]}

this an example script

$ echo　${A[8]}

$ ▋(A[8]超出了数组 A 的范围,所以它的值是空串。)

使用 * 或@作为下标,则表示数组中所有元素。

$ week=(Sun　Mon　Tue　Wed　Thu　Fri　Sat)

$ echo　${week[@]}

Sun　Mon　Tue　Wed　Thu　Fri　Sat

利用命令 unset 可以取消一个数组的定义。

4. 算术运算

(1)let 命令。bash 中执行整数算术运算的命令是 let,其语法格式为:let arg …

其中,arg 是单独的算术表达式。如 let "y=x * 2+1"

let 命令的替代表示形式是:((算术表达式))

例如:((y=x * 2+1))

(2)运算符及其优先级和结合性。Shell 中的运算符及其优先级和结合性基本上与 C 语言的相同。还提供了方幂运算符"* *",其优先级比 *、/高一级。

当表达式中有 Shell 的特殊字符时,必须用双引号将其括起来。例如,let "var=a|b",此处的|(竖杠)如果不用双引号括起来,会被当作管道运算符处理。

只有使用 $((算术表达式))形式才能返回表达式的值,例如 :

$ echo　"((24 * 8))"

```
((24 * 8))
$ echo   "$((24 * 8))"
108
```

5.位置参数

(1)位置参数。Shell 脚本使用位置参数来保存参数,它们与命令行上具体位置的实参相对应,位置参数用 $＋数字表示。位置参数 $0 对应命令名(脚本名),位置参数 $1 对应第一个实参,位置参数 $2 对应第二个实参,以此类推。如果位置参数名大于 9,那么用一对花括号将数字括起来。位置参数不能用赋值语句直接赋值,只能通过命令行上对应位置的实参传值,注意:$0 始终表示命令名或 Shell 脚本名。

对应关系(一)命令行实际参与脚本中的位置参数的对应关系见表 6-13。

表 6-13　假设命令多为 exam 对应关系(一)

exam	e1	e2	e3	e4	e5					
$0	$1	$2	$3	$4	$5	$6	$7	$8	$9	${10}

(2)shift 命令。如果在脚本中使用的位置参数不超过 9 个,那么只用 $1~$9 即可。如果给定参数大于 9 个,就需要应用 shift 命令移动位置参数。每执行一次 shift 命令,就把位置参数向右移动一个位置,具体对应关系见表 6-14。

注意:shift 命令不能将 $0 移走。shift 命令可以带有一个整数作为参数,例如 shift 4 的功能是每次把位置参数向右移动 4 位。若未带参数,则默认移位为 1。

表 6-13　对应关系(二)

命令行	exam	A	B	C	D	E	F
原位置参数	$0	$1	$2	$3	$4	$5	$6
移位后位置参数	$0		$1	$2	$3	$4	$5

实例:使用 shift 命令移动位置参数。

```
$ cat shiftexp.sh
#! /bin/bash
# this is an example of shift
echo $0 $1 $2 $3 $4 $5 $6 $7 $8 $9
shift
echo $0 $1 $2 $3 $4 $5 $6 $7 $8 $9
shift 4
echo $0 $1 $2 $3 $4 $5 $6 $7 $8 $9
#end
$ bash shiftexp.sh a b c d e f g h i j k
shiftexp.sh a b c d e f g h i
shiftexp.sh b c d e f g h i j
```

shiftexp. sh f g h i j k

(3)用 set 命令为位置参数赋值。在 Shell 程序中可以用 set 命令为位置参数赋值。如 set 1 2 命令可将参数 1 赋值给位置参数 $1,参数 2 赋值给位置参数 $2。

实例:用 set 设置位置参数值。

```
$ cat setexp. sh
#！ /bin/bash
# this is an example of set
set 1 10
for((i= $1;i<= $2;i++))
do
    let sum+= $i
done
echo "sum=" $ sum
$ bash setexp. sh
sum=55
```

6.预先定义的特殊变量

(1) $# ——除脚本名外,命令行上参数的个数。

(2) $? ——上一条前台命令执行后的返回值(也称"退出码"等)。

(3) $$ ——当前进程的进程号。

(4) $! ——上一个后台命令对应的进程号。

(5) $* ——表示在命令行上实际给出的所有实参。如输入下面的命令行:

exp3.1 A B C D E F G H I J K

而"$*"就等价于:"$1 $2 $3……",即:"A B C D E F G H I J K"。

(6) $@ ——它与 $* 基本功能相同。但"$@"与"$*"不同。"$@"就等价于:

"$1" "$2"……,在上面情况下,就是"A""B""C"……"K"。

6.2.4　Shell 中的特殊字符

1.通配符

为了能一次处理多个文件,Linux 提供了几个特别字符,称为文件名通配符。通配符有如下功能:

1)让 Shell 查询与特别格式相符的文件名;

2)用作命令参数的文件或目录的缩写;

3)以简短的标记访问长文件名。

常见的通配符有 * 、?、[]三种。

（1）星号（＊）。＊可与 0 个或多个任意的字符相匹配，例如＊.txt 可表示所有后缀名为 txt 的文；单独一个＊可以匹配当前目录下的所有文件（除隐含文件外）；.＊只能与隐含文件匹配。

（2）问号（?）。一个问号只与单个任意的字符匹配，例如 file? 可与 file1、file2 匹配，也可使用多个问号表示若干个字符，如 file?? 可与 file34 匹配。

（3）方括号［］。方括号指可与方括号内指定内容的单个字符匹配，该指定内容可以有如下情况：

1）列举。例如 file［123］可与 file1、file2、file3 匹配。

2）用短横线（-）代表一个范围内的字符。例如 file［1-5］同 file［12345］。

注意：

1）范围内的字符必须按照升序排列，即［A-Z］有效，而［Z-A］无效。

2）方括号内可列多个范围，如：［1-5A-Z］。

3）如果在左方括号（［）之后用一个惊叹号（!）或脱字符（ˆ），则表示不与其后列出的字符匹配，例如［! A-Z］＊.c 表示所有不以大写字母开头的 C 源文件。

2. 引号

（1）双引号。由双引号括起来的字符（除＄、倒引号（ˋ）和转义字符（\）外）均作为普通字符对待。而这三种字符仍保留其功能，即："＄"表示取变量值；倒引号表示命令替换；"\"后如果跟"＄、ˋ、"、\、换行符"，则"\"当作转义字符处理，其后跟的五个特殊字符当作普通字符处理。

实例 1：在如下脚本中双引号括起来的字符既有普通字符，也有特殊字符。运行该脚本，查看运行结果。

```
$ cat dqexp.sh
#! /bin/bash
# this is an example of double quotes
echo "The user home directory is ＄HOME"  # ＄表示取 HOME 的变量值
echo "The current directory is ˋpwdˋ"  # 倒引号表示命令替换
echo "The user of \ is    ＄HOME"  # 转义字符\的用法
$ bash dqexp.sh
The user home directory is /home/kymei
The current directory is /home/kymei/TestFilter/03－jiaocai
The user of    is ＄HOME
```

（2）单引号。由单引号括起来的所有字符都作为普通字符出现。

实例 2：用单引号定义变量 str，用 echo 命令显示该变量。

```
$ str=ˋecho "directory is ＄HOME"ˋ
$ echo  ＄str
```

echo "directory is ＄ HOME "

(3)倒引号。用倒引号括起来的字符串被 Shell 解释为命令行。执行时,Shell 首先执行该命令行,并以执行结果取代倒引号括起的部分。另外,可以将一个命令的执行结果赋给变量,即命令替换。命令替换有如下两种形式:

1)变量名＝`命令表` 例如:dir＝`pwd`

2)变量名＝＄(命令表) 例如:dir＝＄(pwd)

应用方式如下所示:

＄ currentdir＝`pwd`

＄ echo "The current directory is ＄ currentdir"

The current directory is /home/CentOS/dir

3.命令执行顺序操作符

(1)顺序执行。Shell 中的命令可每条命令独占一行,也可多条命令在一行出现。若在一行出现,各条命令可之间以分号(;)隔开,从左到右依次执行。例如:

＄ pwd ; who | wc -l ; cd /home/bin

(2)逻辑与。

1)逻辑与操作符:"＆＆"可把两个命令联系在一起,一般形式为:命令 1 ＆＆ 命令 2。

2)功能:先执行命令 1,如果成功,才执行命令 2;否则,不执行命令 2。

例如:＄ cp ex1 ex10 ＆＆ rm ex1

这段命令的功能是如果成功把文件 ex1 复制到文件 ex10 中,则删除 ex1。

(3)逻辑或。

1)逻辑或操作符:"||"可把两个命令联系在一起,一般形式:命令 1 || 命令 2。

2)功能:先执行命令 1,如果不成功,则执行命令 2;否则,不执行命令 2。

例如:＄ cat abc || ls

如果不能将文件 abc 的内容列出来,则列出当前目录下的所有内容。

4.注释符、反斜线、管道线及后台操作符

(1)注释符。Shell 程序中以"＃"开头的正文行表示注释。注释用于说明程序的功能、结构、算法和变量的作用等。在执行时,注释行将被忽略。

若 Shell 脚本的第一行以"＃!"开头,则"＃!"后面所跟字符串为所使用 bash 的绝对路径名。例如:

＃! /bin/bash

说明该脚本是用 Bourne Again Shell 编写的,应该调用相应的解释程序予以执行。

(2)反斜线。反斜线符号"\"在 Bash 中被解释为转义字符,用于去除单个字符(＄、`、"、\)的特殊意义,它保留了跟随在之后的字符的字面值,除了换行符。

＄ echo \ ＄ HOME

```
$ HOME
$ echo `pwd`
/home/CentOS
$ echo \`pwd\`
`pwd`
$ echo "pwd"
pwd
$ echo \"pwd\"
"pwd"
$ echo \pwd
pwd
$ echo \\pwd
\pwd
```

(3)管道线。在 Linux 系统中,管道线是由竖杠(|)隔开的若干个命令组成的序列,可将前一个命令的输出作为下一个命令的输入。例如:

```
$ ls -l $ HOME | wc -l
```

一个管道线中也可包含多条命令,例如:

```
$ ls | grep exp. sh | wc -l
```

(4)后台操作符。通常在 Shell 命令主提示符后输入的命令会立即执行,为前台方式。但是,有些任务的执行可能需要花费较长时间,因此可应用后台命令将该任务放在后台运行,而前台可执行其他任务。后台进程的调度优先级都低于前台进程优先级。后台命令为"&"符号,放在一条命令的末尾。例如如下命令将花费时间较长的 C 程序编译过程放在后台运行。

```
$ bash exp. sh&
```

5.复合命令

(1){ }形式。以{ }括起来的全部命令可视为语法上的一条命令,出现在管道符的一边。成组命令的执行顺序是根据命令出现的先后次序,由左至右执行。应注意,左括号"{"后面应有一个空格,右括号"}"之前应有一个分号(;)。花括号也可以包含若干单独占一行的命令。例如:

```
$ { echo "The current dir is `pwd`"
> echo "The users:`who` logged in"
> echo "The date is `date`"; }|wc —l
3
```

(2)()形式。成组的命令也可用圆括号()括起来。例如:

```
$ ( echo "The current dir is `pwd`"
```

```
> cd /home/CentOS/;ls −l;
> cp exp1 exp2 && rm exp1
> cat exp1 )
```

它与{ }的区别是{}成组命令只在本 Shell 内执行命令表,不产生新的进程;而()成组命令在新的子 Shell 内执行,要建立新的子进程。例如:

```
$ a="current value " ; export a
$ echo $ a
current value
$( a="new value-1 " ;echo $ a )
new value−1(子 Shell 内部 a 的值)
$ echo $ a
current value(与前者不同,这是外部 a 的值)
${ a="new value-2 " ; echo $ a ; }
new value-2(a 的新值)
$ echo $ a
new value-2(同一进程,a 的值也相同)
$ pwd
/home/CentOS/dir1
$ (cd /bin ;pwd )(在子 Shell 中将工作目录改为/bin)
/bin
$ pwd
/home/CentOS/dir1(仍是原来的目录,不受上面命令影响)
${ cd /bin ; pwd ; }
/bin
$ pwd
/bin(同一进程,前后关联)
```

6.2.5 Shell 输入/输出及重定向命令

1. read 命令

利用 read 命令从键盘上读取数据,然后赋给指定的变量。

read 命令的一般格式为:read [-u fd] [-n nchars] [name1 name2…]

变量个数 M 与输入数据 N 个数之间的关系如下:

(1)$M=N$:从左至右依次对应赋值。

(2)$M<N$:从左至右依次对应赋值,最后剩余的所有数据都赋予最后那个变量。

(3)$M>N$:从左至右依次对应赋值,没有数据与之对应的变量取空串。

实例：判断给定的数是否是水仙花数：

```
$ cat daffodils. sh
#！ /bin/bash
# determine the number of daffodils
echo "Enter a three-digit number："
read num
let a= $ num/100
let b= $ num/10%10
let c= $ num%10
if(( $ num== $ a * * 3+ $ b * * 3+ $ c * * 3))
then
    echo $ num" is a number of daffodils"
else
    echo $ num" is not a number of daffodils"fi
$ bash daffodils. sh
Enter a three-digit number：
123
123 is not a number of daffodils
$ bash daffodils. sh
Enter a three-digit number：
153
153 is a number of daffodils
```

2. echo 命令

echo 命令用于显示其后的变量值或者直接显示它后面的字符串。

一般格式：echo [-neE] [arg…]

例如：

```
$ echo -e "Enter the file name ->\c"
Enter the file name -> $ ▮
```

这种形式与带"-n"选项的命令行功能相同：

```
$ echo -n "Enter the file name->"
Enter the file name -> $ ▮
```

3. 输入/输出重定向

(1)输入重定向符。输入重定向符让命令(或可执行程序)从指定文件中取得输入数据。一般形式是：

命令 < 文件名

例如：

$ WC < exp. sh

(2)输出重定向符。输出重定向符把命令(或可执行程序)执行的结果输出到指定的文件。一般形式是：

命令 > 文件名

例如：

$ ls-l>file1

(3)输出附加定向符。输出附加定向符把命令(或可执行程序)的输出附加到指定文件的后面，而该文件原有内容不被破坏。一般形式是：

命令>>文件名

例如：

$ date>> file2

6.2.6 Shell 程序控制语句

1.条件测试语句

条件测试有三种常用形式：

(1)用 test 命令，如：test -f " $1 "

(2)用一对方括号将测试条件括起来，如：[-f " $1"]，注意测试内容与[]之间须用空格隔开。

(3)用[[条件表达式]]的形式。其中的条件表达式可分为文件测试运算符、字符串测试运算符、整数比较运算符和逻辑运算符。具体功能如下。

1)文件测试运算符，其具体描述见表 6-15。

表 6-15 文件测试运算符的具体描述

文件运算符	描　述
-d file	测试 file 是否为目录
-e file	测试 file 是否存在
-f file	测试 file 是否为普通文件
-r file	测试 file 是否是进程可读文件
-s file	测试 file 的长度是否不为 0
-w file	测试 file 是否是进程可写文件
-x file	测试 file 是否是进程可执行文件
-L file	测试 file 是否为符号化链接

2)字符串运算符，其具体描述见表 6-16。

表 6-16　字符串运算符的具体描述

字符串运算符	描述
string	测试字符串 string 是否不为空
-n string	测试字符串 string 是否不为空
-z string	测试字符串 string 是否为空
string1＝string2	测试字符串 string1 是否与字符串 string2 相同
string1！＝string2	测试字符串 string1 是否与字符串 string2 不相同

3）整数比较运算符，其具体描述见表 6-17。

表 6-17　整数比较运算符的具体描述

整数比较运算符	描　述
num1 -eq num2	若 num1 等于 num2，则测试结果为 0
num1 -ge num2	若 num1 大于或等于 num2，则测试结果为 0
num1 -gt num2	若 num1 大于 num2，则测试结果为 0
num1 -le num2	若 num1 小于或等于 num2，则测试结果为 0
num1 -lt num2	若 num1 小于 num2，则测试结果为 0
num1 -ne num2	若 num1 不等于 num2，则测试结果为 0

4）逻辑运算符，其具体描述见表 6-18。

表 6-18　逻辑运算符的具体描述

逻辑操作	逻辑运算符	描　述
逻辑非	！expression	如果 expression 为假，则测试结果为真
逻辑与	expression1 -a expression2	如果 expression1 和 expression2 同时为真，则测试结果为真
逻辑或	expression1 -o expression2	如果 expression1 和 expression2 有一个为真，则测试结果为真

实例：测试语句应用。

```
$ cat score. sh
#! /bin/bash
#Judge grades
read -p "Please input a score：" score
if [ $ score -ge 0 -a $ score -lt 60 ]
then echo "Failing grades"
elif [ $ score -ge 60 -a $ score -lt 80 ]
then echo "Good grades"
elif [ $ score -ge 80 -a $ score -le 100 ]
then echo "Excellent grades"
```

else

    echo "Please input a right score. "

fi

 $ bash score. sh

Please input a score:98

Excellent grades

2. if 语句

if 语句为条件控制语句。一般格式为:

if 测试条件

then 命令 1

else 命令 2

fi

其中 if、then、else 和 fi 是关键字。注意 if 和 fi 必须成对出现。执行过程为,先执行"测试条件",若为真,则执行 then 之后的命令,否则执行 else 后面的命令。例如:

if test -d "$ 1"

then echo "$ 1 is a directory file. "

else echo "$ 1 is not a directory file. "

fi

在本示例中,先执行 test 命令,判断 $ 1 参数是否是一个已存在的目录文件。若是,则显示"$ 1 的值 is a directory file."。否则显示"$ 1 的值 is not a directory file."。

if 语句中,else 部分可以缺省。例如:

if test -d "$ 1"

then echo "$ 1 is a directory file . "

fi

if 语句的 else 部分还可以是 else-if 结构,如:

if test —d "$ 1"

then ls $ 1

else if test —f "$ 1"

then cat $ 1

else echo "$ 1 is not a file or directory"

fi

fi

注意:由于使用了两个 if,所以收尾需要两个 fi。

"else if"可以用关键字"elif"代替,并且省略最后一个 fi。如:

if test —d "$ 1"

```
then ls ＄1
elif test －f "＄1"
then cat ＄1
else echo "＄1 is not a file or directory"
fi
```

if 语句的更一般形式是：

```
if 命令表 1
then 命令表 2
else 命令表 3
fi
```

其中命令表可以由多条命令组成,测试条件则以其中最后一条命令是否执行成功为准。

3. case 语句。

case 语句允许进行多重条件选择,一般格式为：

```
case 字符串 in
模式字符串 1)　命令
                 …
命令；；
模式字符串 n)　命令
                 …
命令；；
esac
```

其执行过程为:用"字符串"的值依次与各模式字符串相比较,如发现与某一个匹配,则立即执行对应模式字符串后的若干命令,直到两个分号为止。若无匹配项,则不执行任何命令。

4. 循环语句 while、until、for 语句

(1)while 语句。while 语句用于循环结构。其一般形式是：

```
while 测试条件
do
命令表
done
```

例如：

```
while ［ ＄1 ］
do
    if ［ －x ＄1 ］
```

```
then echo "Execute the script：$1"
        bash $1
    else echo "$1 could not be executed."
    fi
    shift
done
```

其功能为循环测试位置参数是否为空；若不为空,则当文件可被执行时,执行该文件,否则提示该文件不能被指行。每次循环利用 shift 命令将位置参数右移,使其遍历所有参数。

实例：编写一个脚本,求费波纳奇(Fibonacci)数列的前 5 项及总和。

```
$ cat fibonacci.sh
i=0
a[0]=1
a[1]=1
sum=0
while [ $i -lt 5 ]
do
    ((a[i+2]=a[i+1]+a[i]))
    echo -n -e "${a[i]}t"
    ((sum+=a[i]))
    ((i=i+1))
done
echo
echo "The sum is $sum"
$ bash fibonacci.sh
1  1  2  3  5
The sum is 12
```

(2) until 语句。until 语句与 while 语句功能相反,若测试条件为假时才进入循环体,直至测试条件为真终止循环,其一般形式是：

```
until 测试条件
do
    命令表
done
```

实例：编写一个脚本,输入一个数,求该数的阶乘

```
$ cat untilexp.sh
#! /bin/bash
read -p "Input a number " num
```

```
echo －n "The factorial of ＄num is "
square＝1
until [[ ＄num －eq 1 ]]
do
    let square ＊ ＝ ＄num
    let num－＝1
done
echo ＄square
＄bash untilexp. sh
Input a number 10
The factorial of 10 is 3628800
```

(3) for 语句。for 语句是最常用的循环控制语句,其使用方式主要有两种:值表方式和算数表达式方式。

1) 值表方式。其一般格式是:

```
for 变量 [ in 值表 ]
do
    命令表
done
```

例如:

```
for day in Monday Wednesday Friday Sunday
do
echo ＄day
done
```

值表可以是文件正则表达式,其一般格式为:

```
for 变量 in 文件正则表达式
do
命令表
done
```

例如:

```
for file in file ＊. sh
do
    cat ＄file
done
```

值表还可以是全部位置参数,此时 for 语句的书写格式一般是:

for 变量 in $1   或者 for 变量

do   do

命令表   命令表

done   done

2)算术表达式方式。其一般格式是：

for ((e1;e2;e3))

do

命令表

done

算术表达式方式的执行过程与 Java 语言中的 for 语句相似，即先计算 e1;再计算 e2,若 e2 不为 0,则执行命令表中的命令;计算 e3;再计算 e2,判定. 如此循环直至 e2 为 0,退出循环。

实例：利用 for 循环输出九九乘法表。

```
$ cat multi.sh
#! /bin/bash
#Print the multiplication table
for((i=1;i<=9;i++))
do
    for((j=1;j<=i;j++))
    do
        let sum=$i * $j
        echo -n "$j * $i=$sum "
    done
    echo
done
$ bash multi.sh
1 * 1=1
1 * 2=2 2 * 2=4
1 * 3=3 2 * 3=6 3 * 3=9
1 * 4=4 2 * 4=8 3 * 4=12 4 * 4=16
1 * 5=5 2 * 5=10 3 * 5=15 4 * 5=20 5 * 5=25
1 * 6=6 2 * 6=12 3 * 6=18 4 * 6=24 5 * 6=30 6 * 6=36
1 * 7=7 2 * 7=14 3 * 7=21 4 * 7=28 5 * 7=35 6 * 7=42 7 * 7=49
1 * 8=8 2 * 8=16 3 * 8=24 4 * 8=32 5 * 8=40 6 * 8=48 7 * 8=56 8 * 8=64
```

1 * 9＝9 2 * 9＝18 3 * 9＝27 4 * 9＝36 5 * 9＝45 6 * 9＝54 7 * 9＝63 8 * 9＝72 9 * 9＝81

(4)break、continue 和 exit 命令。

1)break 命令。break 命令可以从包含它的循环体中退出。如果是一层循环,就退出整个循环,如果是多层循环,那么根据 n 指定退出循环层数。语法格式是：break［ n ］

2)continue 命令。continue 命令跳过循环体中在它之后的语句,回到本层循环的开头,进行下一次循环。N 可指定由最内层循环向外跳到第几层循环。其语法格式是：

continue　［ n ］

3)exit 命令。利用 exit 命令可以立即退出正在执行的 Shell 脚本。N 用于设定退出值。其语法格式是：

exit　［ n ］

6.2.7　自定义函数

在 Shell 脚本中可自定义并使用函数,其定义格式为：

[function]函数名( )

{

命令表

}

函数应先定义,后使用。

函数定义示例：

```
$ cat sumexp. sh
#! /bin/bash
function add()
{
    result＝$［$1＋$2］
    echo $result
    return 1
}
read - p "Please input the first num:" num1
read - p "Please input the second num:" num2
add $num1 $num2
$ bash sumexp. sh
Please input the first num:12
Please input the second num:23
35
```

函数调用示例：

showfile　/home/CentOS

思考题

1.进入和退出 vi 编辑器的方法有哪些?

2.vi 编辑器有哪些工作方式? 如何切换工作方式?

3.说明三种引号的作用有什么区别?

4.常用 Shell 有哪几种? Linux 默认的的 Shell 是什么?

5.Shell 脚本的执行都有哪些方法?

6.环境变量和用户自定义变量有何区别?

7.显示环境变量的设置情况,说明各自的意义。

8.编写一个脚本,输入 10 个数,通过显包排序算法对其排序,并输入排序后的结果。

9.编写一个脚本,求斐波那契数列的前 n 项及总和。

第7章　网络服务

Linux 作为网络操作系统最主要的功能就是提供各种网络服务,为了方便用户使用 Linux 服务器系统,绝大部分 Linux 发行版默认安装了尽可能多的服务。这些服务有一些是用户不需要、不了解的服务或必须改变其默认配置和安装修补版本才能保证其安全的服务,一旦被网络黑客入侵的话,就会遭遇想象不到的灾难,因此了解并正确使用网络就显得尤为重要。当然,Linux 的作用远不止于网络服务器的架设上。

本章主要介绍 Linux 常用的网络服务如防火墙、SSH、Web 服务器以及 FTP 服务器安装和配置相关知识。

7.1　Linux 网络服务简介

1. 服务概念及分类

Linux 系统有些特殊程序,启动后在后台运行,等待用户或者其他程序进行调用,这类程序称为服务。

按照服务功能(对象)分为系统服务、网络服务;按照启动方式分为独立系统服务(启动后在后台运行,响应快、占用系统资源);基于 xinetd 的服务(用户使用时启动,响应慢、节省系统资源),这种服务不能独立启动,需要依靠管理服务来调用。这个负责管理的服务就是 xinetd 服务。xinetd 服务是系统的超级守护进程,其作用就是管理不能独立启动的服务。

2. 服务管理方式

(1)通过/etc/init. d/目录中的启动脚本来管理。所有独立服务启动文件均存储在/etc/init. d 目录下,通过以下命令对服务进行启动、停止、重启等操作。

1)格式:/etc/init. d 服务名 start| stop|status|restart|…

2)参数:start:启动;stop:停止;status:查看状态;restart:重启。

例如:

＃ /etc/init. d/sshd restart ＃重启 ssh 服务

(2)service 管理。service 命令实际上只是一个脚本,这个脚本仍然需要调用 /etc/init. d/ 中的启动脚本来启动独立的服务。

注意:CentOS6 系统使用 service 命令,CentOS7 及以上系统使用 systemctl 命令,如表 7 - 1 所示。

表 7-1   Cenos6、CentOS7 **服务管理操作区别**

参 数	CentOS6	CentOS7
启动	service 服务名 start	systemctl start 服务名.service
停止	service 服务名 stop	systemctl stop 服务名.service
重启服务	service 服务名 restart	systemctl restart 服务名.service
状态查询	service 服务名 status	systemctl satus 服务名.service

例如：# service sshd status #查看 ssh 服务状态。

（3）chkonfig 命令实现管理。用 chkconfig 服务自启动管理命令来管理独立服务的自启动，如表 7-2 所示。

表 7-2   chkonfig **命令实现管理**

参 数	CentOS6	CentOS7 KYLinOS V10
开机自启	chkconfig 服务名 on	systemctl enable name.service
开机禁止启动	chkconfig 服务名 off	systemctl disable name.service
查看所有服务开机自启状态	chkconfig --list	systemctl list-unit-files --type service
查看某个服务在哪些运行级别下的启动和禁用	chkconfig 服务名 --list	ls /etc/systemd/system/ * .wants/服务名.service
查看服务是否开启自启	chkconfig 服务 --list	systemctl is-enable name.service

其他：

chkconfig --level 234 服务名 on #开启某个运行级别下的服务。

chkconfig --add 服务名 #在当前运行级别下添加某个服务。

chkconfig --del 服务名 #在当前运行级别下删除某个服务。

例如：#修改 network 运行级别 1 时开机自启

        # chkconfig network --level 1 on

注：Linux 运行级别：0-6。

0 是关机；1 是维护模式，提供有限的功能；2 是字符界面的 debian 系统；3 是字符界面的 redhat 系统；4 不常用；5 是 GUI 界面的系统；6 是重启。

（4）修改 /etc/rc.d/rc.local 文件，设置服务自启动。修改 /etc/rc.d/rc.local 文件，在文件中加入服务的启动命令。这个文件是在系统启动时，在输入用户名和密码之前最后读取的文件（注意：/etc/rc.d/rc.loca 和/etc/rc.local 文件是软链接，修改哪个文件都可以）。这个文件中有什么命令，都会在系统启动时调用。

（5）ntsysv 界面管理。ntsysv 命令调用窗口模式来管理服务的自启动。

ntsysv 命令安装，yum -y install ntsysv。

格式：指定设定自启动的运行级别

#ntsysv [-level 运行级别]

#ntsysv --level 234 #设置 2/3/4 级别的服务自启动

操作键：

1)上下键：在不同服务之间移动。

2)空格键：选定或取消服务的自启动。也就是在服务之前是否输入"＊"。

3)Tab 键：在不同项目之间切换。

4)F1 键：显示服务的说明。

7.2 Linux 服务端口简介

在服务器中，可以直接通过查看端口判定该服务器是什么类型的服务器，因此了解一些常用的端口知识是很有必要的。

1.端口相关的概念

在网络技术中，端口(Port)包括逻辑端口和物理端口两种类型。物理端口指的是物理存在的端口，如 ADSL Modem、集线器、交换机、路由器上用于连接其他网络设备的接口，如 RJ－45 端口、SC 端口等等。逻辑端口是指逻辑意义上用于区分服务的端口，如 TCP/IP 协议中的服务端口。

端口号的范围从 0～65 535，比如用于浏览网页服务的 80 端口，用于 FTP 服务的 21 端口等。由于物理端口和逻辑端口数量较多，为了对端口进行区分，将每个端口进行了编号，这就是端口号。

端口按端口号可以分为 3 大类：

(1)公认端口(Well Known Port)。公认端口号从 0～1 023，它们紧密绑定与一些常见服务，例如 FTP 服务使用端口 21，在 /etc/services 里面可以看到这种映射关系。

(2)注册端口(R 例如 istered Ports)：。从 1 024 到 49 151。它们松散地绑定于一些服务，也就是说有许多服务绑定于这些端口，这些端口同样用于许多其他目的。

(3)动态或私有端口(Dynamic and/or Private Ports)。动态端口，即私人端口号(private port numbers)，是可用于任意软件与任何其他的软件通信的端口数，使用因特网的传输控制协议，或用户传输协议。动态端口一般从 49 152～65 535，常用服务端口号如图7－1 所示。

常用服务端口号：

IIS(HTTP)：80

SQLServer：1433

Oracle：1521

MySQL：3306

FTP：21

SSH：22

Tomcat：8080

图 7－1 常用服务端口号

Linux 中有限定端口的使用范围，如果要为程序预留某些端口，那么需要控制这个端口范围。/proc/sys/net/ipv4/ip_local_port_range 定义了本地 TCP/UDP 的端口范围，可以在/etc/sysctl.conf 里面定义 net. ipv4. ip_local_port_range ＝ 1024 65000。

```
# cat /proc/sys/net/ipv4/ip_local_port_range
# echo 1024 65535 > /proc/sys/net/ipv4/ip_local_port_range
```

2. 端口与服务的关系

端口有什么用呢？我们知道,一台拥有 IP 地址的主机可以提供许多服务,比如 Web 服务、FTP 服务、SMTP 服务等,这些服务完全可以通过 1 个 IP 地址来实现。那么,主机是怎样区分不同的网络服务呢？显然不能只靠 IP 地址,因为 IP 地址与网络服务的关系是一对多的关系。实际上是通过"IP 地址＋端口号"来区分不同的服务的。端口号与相应服务的对应关系存放在/etc/services 文件中,这个文件中可以找到大部分端口。

如何检查端口是否开放,可以采取以下几种命令方法。

(1)nmap 工具检测开放端口。nmap 是一款网络扫描和主机检测的工具。nmap 的安装非常简单,rpm 安装如下。

```
# rpm -ivh nmap-7.92-1. x86_64. rpm
```

关于 nmap 的使用,都可以长篇大写特写,这里不做展开。如下所示,nmap 127.0.0.1 查看本机开放的端口,会扫描所有端口。当然也可以扫描其他服务器端口。

```
# nmap 127.0.0.1
```

(2)netstat 工具检测开放端口。

```
# netstat -anlp | grep 3306
```

(3)lsof 工具检测开放端口。

```
# service mysql start
# lsof -i:3306
# service mysql stop
# lsof -i:3306
# lsof -i TCP| fgrep LISTEN
```

(4)使用 telnet 检测端口是否开放。

服务器端口即使处于监听状态,但是防火墙 iptables 屏蔽了该端口,是无法通过该方法检测端口是否开放的。

(5)netcat 工具检测端口是否开放。

```
# nc -vv 192.168.42.128 1521
# nc -z 192.168.42.128 1521; echo $?
# nc -vv 192.168.42.128 1433
```

3. 关闭端口和开放端口

关闭端口和开放端口应该是两种不同的概念,每个端口都有对应的服务,因此要关闭端口,只要关闭相应的服务就可以了。像下面例子,开启了 MySQL 服务,端口 3306 处于监听状态,关闭 MySQL 服务后,端口 3306 自然被关闭了。

```
# service mysql start
# lsof -i:3306
```

　　♯service mysql stop

　　♯lsof -i:3306

因此,系统里面有些不必要的端口和服务,从安全考虑或资源节省角度,都应该关闭那些不必要的服务,关闭对应的端口。另外,即使服务开启,但是防火墙对应的端口进行了限制,这样端口也不能被访问,但端口本身并没有关闭,只是端口被屏蔽了。

7.3　常用的网络服务

7.3.1 防火墙(iptables 服务)

Linux 占用资源少,运行效率高,具有很好的稳定性和安全性,作为一种网络操作系统,需要部署防火墙,将内网安全地接入 Internet。防火墙技术用在可信网络(内网)和不可信网络(外网)之间直接建立安全屏障。防火墙最主要的目的是确保受保护网络的安全,但并不能保护内网计算机免受来自其本身和内网其他计算机的攻击。

1. iptables

一般而言,只有在内网和外网连接时才需要防火墙。通常防火墙策略规则的设置有两种:一种是"通"(即放行),一种是"堵"(即阻止)。当防火墙的默认策略为拒绝(堵)时,就要设置允许规则(通),否则谁都进不来;如果防火墙的默认策略为允许时,要设置拒绝规则,否则谁都能进来,防火墙也就失去了防范的作用。目前防火墙技术已经用 firewalld 替代了传统的 iptables,考虑到大多数防火配置还是以 iptables 为主,本书主要介绍 iptables 配置。iptables 是一个功能十分强大的安全软件,可以被用来构建防火墙,它是与 Linux 内核包含的一个强大的网络过滤子系统 netfilter 交互的主要方法,iptables 服务把用于处理或过滤数据包的策略条目称之为规则,多条规则可以组成一个规则链,而规则链则依据数据包处理位置的不同进行分类,具体如下:

　　(1)在进行路由选择前处理数据包(PREROUTING);

　　(2)处理流入的数据包(INPUT)。

　　(3)处理流出的数据包(OUTPUT)。

　　(4)处理转发的数据包(FORWARD)。

　　在进行路由选择后处理数据包(POSTROUTING)。

iptables 其实不是真正的防火墙,可以把它理解成一个客户端代理,用户通过iptables这个代理,将用户的安全设定执行到对应的"安全框架"中,"安全框架"才是真正的防火墙,这个框架的名字叫 netfilter。

netfilter 才是防火墙真正的安全框架(framework),netfilter 位于内核空间。iptables 其实是一个命令行工具,位于用户空间,用这个工具操作真正的框架。netfilter/iptables(下文中简称为iptables)组成 Linux 平台下的包过滤防火墙,与大多数的 Linux 软件一样,这个包过滤防火墙是免费的,它可以代替昂贵的商业防火墙解决方案,完成封包过滤、封包重定向和网络地址转换(NAT)等功能。netfilter 是 Linux 操作系统核心层内部的一个数据包处理模块,它具有如下功能:

(1)网络地址转换(Network Address Translate)。

(2)数据包内容修改。

(3)数据包过滤的防火墙功能。

因此说,虽然使用 service iptables start 启动 iptables 服务,但是其实准确地来说,iptables 并没有一个守护进程,并不能算是真正意义上的服务,而应该算是内核提供的功能。

一般来说,从内网向外网发送的数据包一般都是可控且良性的,因此我们使用最多的就是 INPUT 规则链,该规则链可以增大黑客人员从外网入侵内网的难度。比如社区内,物业管理公司有两条规定:禁止小商小贩进入社区;各种车辆在进入社区时都要登记。显而易见,这两条规定应该是用于社区的正门的(数据包必须经过的地方),而不是每家每户的防盗门上。根据前面提到的防火墙策略的匹配顺序,可能会存在多种情况。比如,来访人员是小商小贩,则直接会被物业公司的保安拒之门外,也就无需再对车辆进行登记。如果来访人员乘坐一辆汽车进入社区正门,则"禁止小商小贩进入社区"的第一条规则就没有被匹配到,因此按照顺序匹配第二条策略,即需要对车辆进行登记。如果是社区居民要进入正门,则这两条规定都不会匹配到,因此会执行默认的放行策略。

但是,仅有策略规则还不能保证社区的安全,保安还应该知道采用什么样的动作来处理这些匹配的数据包,比如"允许""拒绝""登记""不理"。

这些动作对应到 iptables 服务的术语中分别是 ACCEPT(允许数据包通过)、REJECT(拒绝数据包通过)、LOG(记录日志信息)、DROP(拒绝数据包通过)。"允许数据包通过"和"记录日志信息"都比较好理解,这里需要着重讲解的是 REJECT 和 DROP 的不同点。就 DROP 来说,它是直接将数据包丢弃而且不响应;REJECT 则会在拒绝数据包后再回复一条"您的信息已经收到,但是被扔掉了"信息,从而让数据包发送方清晰地看到数据被拒绝的响应信息。

2. iptables 语法格式

(1)iptables 命令的基本语法格式如下。

1)ACCEPT:允许数据包通过。

2)DROP:直接丢弃数据包,不给任何回应信息,这时候客户端会感觉自己的请求泥牛入海了,过了超时时间才会有反应。

3)REJECT:拒绝数据包通过,必要时会给数据发送端一个响应的信息,客户端刚请求就会收到拒绝的信息。

4)SNAT:源地址转换,解决内网用户用同一个公网地址上网的问题。

5)MASQUERADE:是 SNAT 的一种特殊形式,适用于动态的、临时会变的 ip 上。

6)DNAT:目标地址转换。

7)REDIRECT:在本机做端口映射。

8)LOG:在/var/log/messages 文件中记录日志信息,然后将数据包传递给下一条规则,也就是说除了记录以外不对数据包做任何其他操作,仍然让下一条规则去匹配。

＃iptables [-t table] COMMAND [chain] CRETIRIA -j ACTION

(2)各参数的含义如下。

1)-t:指定需要维护的防火墙规则表 filter、nat、mangle 或 raw。在不使用-t 时则默认使用 filter 表。

2)COMMAND:子命令,定义对规则的管理。

3)chain:指明链表。

4)CRETIRIA:匹配参数。

5)ACTION:触发动作。

6)iptables 命令常用的选项及各自的功能如表 7-3 所示。

表 7-3　iptables 命令常用选项和功能

选　项	功　能
-A	添加防火墙规则
-D	删除防火墙规则
-I	插入防火墙规则
-F	清空防火墙规则
-L	列出添加防火墙规则
-R	替换防火墙规则
-Z	清空防火墙数据表统计信息
-P	设置链默认规则

7)iptables 命令常用匹配参数及各自的功能如表 7-4 所示。

表 7-4　iptables 命令常用匹配参数和功能

参　数	功　能
[!]-p	匹配协议,! 表示取反
[!]-s	匹配源地址
[!]-d	匹配目标地址
[!]-i	匹配入站网卡接口
[!]-o	匹配出站网卡接口
[!]--sport	匹配源端口
[!]--dport	匹配目标端口
[!]--src-range	匹配源地址范围
[!]--dst-range	匹配目标地址范围
[!]--limit	四配数据表速率
[!]--mac-source	匹配源 MAC 地址
[!]--sports	匹配源端口
[!]--dports	匹配目标端口
[!]--stste	匹配状态(INVALID、ESTABLISHED、NEW、RELATED)
[!]--string	匹配应用层字串

8)iptables 命令触发动作及各自的功能如表 7-5 所示。

表 7 - 5   iptables **命令触发动作和功能**

触发动作	功 能
ACCEPT	允许数据包通过
DROP	丢弃数据包
REJECT	拒绝数据包通过
LOG	将数据包信息记录 syslog 日志
DNAT	目标地址转换
SNAT	源地址转换
MASQUERADE	地址欺骗
REDIRECT	重定向

内核会按照顺序依次检查 iptables 防火墙规则,如果发现有匹配的规则目录,则立刻执行相关动作,停止继续向下查找规则目录;如果所有的防火墙规则都未能匹配成功,则按照默认策略处理。使用-A 选项添加防火墙规则会将该规则追加到整个链的最后,而使用-I 选项添加的防火墙规则则会默认插入到链中作为第一条规则。

注意,在 麒麟 v10 和 CentOS 系统中,iptables 是默认安装的,如果系统中没有 iptables 工具,可以先进行安装。

使用 iptables 命令可以对具体的规则进行查看、添加、修改和删除。

(1)查看规则。对规则的查看需要使用如下命令:

#iptables -nvL

各参数的含义为:

1)-L 表示查看当前表的所有规则,默认查看的是 filter 表,如果要查看 nat 表,可以加上 -t nat 参数。

2)-n 表示不对 IP 地址进行反查,加上这个参数显示速度将会加快。

3)-v 表示输出详细信息,包含通过该规则的数据包数量、总字节数以及相应的网络接口。

实例:查看规则。

#iptables -L

Chain INPUT (policy ACCEPT)

target	prot opt source	destination	
ACCEPT	all -- anywhere	anywhere	state RELATED,ESTABLISHED
ACCEPT	icmp -- anywhere	anywhere	
ACCEPT	all -- anywhere	anywhere	
ACCEPT	tcp -- anywhere	anywhere	state NEW tcp dpt:ssh
REJECT	all -- anywhere	anywhere	reject-with icmp-host-prohibited

(2)添加规则。添加规则有两个参数分别是-A 和-I。其中-A 是添加到规则的末尾;-I 可以插入到指定位置,没有指定位置的话默认插入到规则的首部。

实例 1:查看当前规则。

首先需要使用 su 命令,切换当前用户到 root 用户,然后在终端页面输入命令如下:

＃iptables -nL --line-number

Chain INPUT　（policy ACCEPT）

num	target	prot opt source	destination	
1	ACCEPT	all --0. 0. 0. 0/0	0. 0. 0. 0/0	ctstate RELATED,ESTABLISHED
2	ACCEPT	all --0. 0. 0. 0/0	0. 0. 0. 0/0	
3	INPUT_ZONES	all --0. 0. 0. 0/0	0. 0. 0. 0/0	
4	DROP	all --0. 0. 0. 0/0	0. 0. 0. 0/0	ctstate INVALID
5	REJECT	all --0. 0. 0. 0/0	0. 0. 0. 0/0	reject-with icmp-host-prohibited

实例 2:添加一条规则到尾部。

＃iptables -A INPUT -s 192. 168. 1. 5 -j DROP

＃iptables -nL --line-number

Chain INPUT（policy ACCEPT）

num	target	prot opt source	destination	
1	ACCEPT	all--0. 0. 0. 0/0	0. 0. 0. 0/0	state RELATED,ESTABLISHED
2	ACCEPT	icmp --0. 0. 0. 0/0	0. 0. 0. 0/0	
3	ACCEPT	all--0. 0. 0. 0/0	0. 0. 0. 0/0	
4	ACCEPT	tcp--0. 0. 0. 0/0	0. 0. 0. 0/0	state NEW tcp dpt:22
5	REJECT	all--0. 0. 0. 0/0	0. 0. 0. 0/0	reject-with icmp-host-prohibited
6	DROP	all--192. 168. 1. 5	0. 0. 0. 0/0	

（3）修改规则。在修改规则时需要使用-R 参数。

实例:把添加在第 6 行规则的 DROP 修改为 ACCEPT。

＃iptables -R INPUT 6 -s 194. 168. 1. 5 -j ACCEPT

＃iptables -nL --line-number

Chain INPUT（policy ACCEPT）

num	target	prot opt source	destination	
1	ACCEPT	all -- 0. 0. 0. 0/0	0. 0. 0. 0/0	state RELATED,ESTABLISHED
2	ACCEPT	icmp -- 0. 0. 0. 0/0	0. 0. 0. 0/0	
3	ACCEPT	all -- 0. 0. 0. 0/0	0. 0. 0. 0/0	
4	ACCEPT	tcp -- 0. 0. 0. 0/0	0. 0. 0. 0/0	state NEW tcp dpt:22
5	REJECT	all -- 0. 0. 0. 0/0	0. 0. 0. 0/0	reject-with icmp-host-prohibited
6	ACCEPT	all -- 194. 168. 1. 5	0. 0. 0. 0/0	

对比发现,第 6 行规则的 target 已修改为 ACCEPT。

（4）删除规则。删除规则有两种方法,但都必须使用 -D 参数。

实例:删除添加的第 6 行的规则。

＃iptables -D INPUT 6 -s 194. 168. 1. 5 -j ACCEPT

或＃ iptables -D INPUT 6

注意,有时需要删除的规则较长,删除时需要写一大串的代码,这样比较容易写错,这时

可以先使用 -line-number 找出该条规则的行号,再通过行号删除规则。

3. iptables 的备份与还原

默认的 iptables 防火墙规则会立刻生效,但如果不保存,在计算机重启后所有的规则都会丢失,因此对防火墙规则进行及时保存的操作是非常必要的。

iptables 软件包提供了两个非常有用的工具,我们可以使用这两个工具处理大量的防火墙规则。这两个工具分别是 iptables-save 和 iptables-restore,使用该工具可以实现防火墙规则的保存与还原,这两个工具的最大优势是处理庞大的规则集时速度非常快。

Linux 系统中防火墙规则默认保存在 /etc/sysconfig/iptables 文件中,使用 iptables-save 将规则保存至该文件中可以实现保存防火墙规则的作用,计算机重启后会自动加载该文件中的规则。如果使用 iptables-save 将规则保存至其他位置,可以实现备份防火墙规则的作用。当防火墙规则需要做还原操作时,可以使用 iptables-restore 将备份文件直接导入当前防火墙规则。

(1)iptables-save 命令。

iptables-save 命令用来批量导出 Linux 防火墙规则,语法介绍如下:

保存在默认文件夹中(保存防火墙规则):

\# iptables-save > /etc/sysconfig/iptables

保存在其他位置(备份防火墙规则):

\# iptables-save >文件名称

1)直接执行 iptables-save 命令:显示出当前启用的所有规则,按照 raw、mangle、nat、filter 表的顺序依次列出,如下所示:

\# iptables-save

\# Generated by iptables-save v1.4.7 on Thu Aug 27 07:06:36 2020

* filter

:INPUT ACCEPT [0:0]

:FORWARD ACCEPT [0:0]

:OUTPUT ACCEPT [602:39026]

....

COMMIT

\# Completed on Thu Aug 27 07:06:36 2020

其中:"#"号开头的表示注释;

" * filter"表示所在的表;

":链名默认策略"表示相应的链及默认策略,具体的规则部分省略了命令名"iptables";在末尾处"COMMIT"表示提交前面的规则设置。

2)备份到其他文件中。例如文件:text,如下所示:

\# iptables-save > test

\# ls

test

＃cat test

＃ Generated by iptables-save v1.4.7 on Thu Aug 27 07:09:47 2020

∗ filter

‥‥‥‥

3）列出 nat 表的规则内容，命令如下：

＃iptables-save -t nat

"-t 表名"：表示列出某一个表。

（2）iptables-restore 命令。

iptables-restore 命令可以批量导入 Linux 防火墙规则，同时也需要结合重定向输入来指定备份文件的位置。命令如下：

＃ iptables-restore ＜文件名称

注意，导入的文件必须是使用 iptables-save 工具导出来的才可以。

先使用 iptables-restore 命令还原 text 文件，然后使用 iptables -t nat -nvL 命令查看清空的规则是否已经还原，如下所示：

＃iptables-restore ＜ test

＃iptables -t nat -nvL

Chain PREROUTING（policy ACCEPT 0 packets，0 bytes）

pkts bytes targetprot opt in out source destination

Chain POSTROUTING（policy ACCEPT 0 packets，0 bytes）

pkts bytes targetprot opt in out source destination

Chain OUTPUT（policy ACCEPT 0 packets，0 bytes）

pkts bytestarget prot opt in out source estination

4. firewalld

firewalld 是一种比 iptables 更高级的与 netfilter 交互的工具，是一个可以配置和监控系统防火规则的系统守护进程。其主要特性如下：

（1）实现动态管理，对于规则的更改不再需要重新创建整个防火墙。

（2）一个简单的系统托盘区图标来显示防火墙状态，方便开启和关闭防火墙。

（3）提供 firewall-cmd 命令行界面进行管理及配置工作。

（4）实现 firewall-config 图形化配置工具。

（5）实现系统全局及用户进程的防火墙规则配置管理。

（6）区域支持。

firewalld 管理可以采用以下三种方法。

（1）使用命令行工具 firewall-cmd，支持全部防护墙特性。

（2）使用图形管理工具 firewall-config，界面直观，操作容易。

（3）直接编辑 XML 格式的配置文件，主要配置文件如下：

1）friewalld. conf：主配置文件，采用键值对格式。

2）lockdown-whitelist. xml：锁定白名单。

3)direct.xml：直接使用防护墙过滤规则，便于 iptables 迁移。

4)services：服务配置文件子目录。

5)zones：区域配置文件子目录。

6)icmptypes：ICMP 类型配置文件子目录。

7.3.2　远程连接服务器配置

使用 SSH(Secure Shell)是一种能够以安全的方式提供远程登录的协议，也是目前远程管理 Linux 系统的首选方式，要使用 SSH 协议来管理 Linux 系统就需要部署配置 SSH 服务程序。

1. SSH 和 OpenSSH 简介

使用 SSH 可以在本地主机和远程服务器之间进行加密的传输数据，实现数据的安全传输。而 OpenSSH 是 SH 协议的免费开源实现，它采用安全、加密的网络连接工具代替了 telnet，ftp 和 rlogin 工具，使用 OpenSSH 可以用加密的方式将本地主机连接到远程服务器，以提高数据传输的安全性，这种方法可以替代之前的 ftp 和 telnet 技术。

2. SSH 的概念

ftp 和 telnet 在本质上是不安全的，因为它们在网络上使用明文传输口令和数据，别有用心的人非常容易就可以截获这些口令和数据。安全 Shell(Secure Shell,SSH)是由 IETF 的网络工作小组所制定，为建立在应用层和传输层基础上的安全协议。SSH 是目前较可靠，专为远程登录会话和其他网络服务提供安全性的协议。利用 SSH 协议可以有效防止远程管理过程中的信息泄露问题。

3. OpenSSH 的概念

SSH 因为受版权和加密算法的限制，现在很多人都转而使用 OpenSSH(Open Secure Shell,开放安全 Shell)。OpenSSH 是 SSH 的替代软件，而且是免费的。它默认使用 RSA 密钥，采用安全、加密的网络连接工具代替 telnet、ftp、rlogin、rsh 和 rcp 工具。

使用 OpenSSH 的另一个原因是，它自动把 DISPLAY 变量转发给客户主机。如果在本地主机上运行 X 窗口系统，并且使用 ssh 命令登录到远程主机上，当在远程主机上执行一个需要 X 的程序时，该程序会在本地主机上执行。

4. OpenSSH 服务器安装和配置

(1)安装 OpenSSH 服务器软件包。要配置 OpenSSH 服务器，就要在 Linux 系统中查看 openssh-server、openssh、openssh-clients 和 openssh-askpass 软件包是否已经安装；如果没有，请事先安装好。

#rpm -qa|grep openssh //测试 OpenSSH 服务器端软件包。

使用以下命令安装 openssh-server、openssh、openssh-clients 和 openssh-askpass 软件包。

#rpm -ivh openssh-6.6.1p1-22.el7.x86_64.rpm

(2)配置 OpenSSH 服务器。OpenSSH 服务器的主配置文件是/etc/ssh/sshd_config

文件,这个文件的每一行都是"关键词值"的格式。一般情况下,不需要配置该文件即可让用户在客户端计算上进行连接。

在/etc/ssh/sshd_config 配置文件中,以"♯"开头的行是注释行,它为用户配置参数起到解释作用,这样的语句默认不会被系统执行。

下面将是在/etc/ssh/sshd_config 文件中可以添加和修改的主要参数:

(1)Port 22。

该参数用于设置 OpenSSH 服务器监听的端口号,默认为 22。

(2)ListenAddress 0.0.0.0。

该参数用于设置 OpenSSH 服务器绑定的 IP 地址。

(3)HostKey /etc/ssh/ssh_host_key。

该参数用于设置包含计算机私有主机密钥的文件。

(4)LoginGraceTime 2m。

该参数用于设置如果用户不能成功登录,在切断连接之前服务器需要等待的时间。

(5)PermitRootLogin yes。

该参数用于设置 root 用户是否能够使用 ssh 登录。

(6)StrictModes yes。

该参数用于设置 ssh 在接收登录请求之前是否检查用户主目录和 rhosts 文件的权限和所有权。这通常是必要的,因为新手经常会把自己的目录和文件设成任何人都有写入权限。

(7)RhostsRSAAuthentication no。

该参数用于设置是否允许用 rhosts 或/etc/hosts..equiv 加上 RSA 进行安全验证。

(8)RSAAuthentication yes。

该参数用于设置是否允许只有 RSA 安全验证。

(9)PasswordAuthentication yes。

该参数用于设置是否允许口令验证。

(10)PermitEmptyPasswords no。

该参数用于设置是否允许用户口令为空字符中的账号登录,默认是 no。

5. OpenSSH 服务器配置实例

例如在单位内部配置一台 OpenSSH 服务器,为单位网络内的客户端计算机提供远程 SSH 登录服务,具体参数如下。

1)OpenSSH 服务器 IP 地址:192.168.0.2。

2)OpenSSH 服务器监听端口:22。

3)不允许空口令用户登录。

4)禁止用户 lisi 登录。

(1)编辑/etc/ssh/sshd_config 文件。修改/etc/ssh/sshd config 文件,该文件修改后内容如下所示。

Port 22

ListenAddress 192.168.0.2

```
Protocol 2
SyslogFacility AUTHPRIV
PermitEmptyPasswords no
PasswordAuthentication yes
DenyUsers lisi
ChallengeResponseAuthentication noGSSAPIAuthentication yes
GSSAPICleanupCredentials yes
UsePAM yes
AcceptEnv LANG LC_CTYPE LC_NUMERIC LC_TIME LC_COLLATE LC_MO-
NETARY LC_MESSAGES
AcceptEnv LC_PAPER LC_NAME LC_ADDRESS LC_TELEPHONE LC MEAS-
UREMENT
AcceptEnv LC_IDENTIFICATION LC_ALL LANGUAGE
AcceptEnv XMODIFIERS
Xl1Forwarding yes
Subsystem sftp /usr/libexec/openssh/sftp-server
```

(2)启动 sshd 服务。使用以下命令启动 sshd 服务。

`# systemctl start sshd. service`

(3)开机自动启动 sshd 服务。使用以下命令在重新引导系统时自动启动 sshd 服务。

`# systemctl enable sshd. service`

`# systemctl is-enabled sshd. service`

7.3.3 Web 服务器配置

Web 服务器也称为 WWW(World Wide Web)服务器,主要功能是提供网上信息浏览服务。可以处理浏览器等 Web 客户端的请求并返回相应响应,Web 服务器只负责处理 HTTP 协议,只能发送静态页面的内容。而 JSP、ASP、PHP 等动态内容需要通过 CGI、FastCGI、ISAPI 等接口交给其他程序去处理。Web 服务器也可以放置文件,让其他人浏览或者下载。常见的 Web 服务器包括 Nginx,Apache,IIS 等。

Linux 系统中常见的有 CERN、NCSA、Apache 三种方式,一般最常用的方法就是用 Apache。此种方式特点明显,配置简明,具有较大系统兼容性,其特征是显著的,可以运行于所有计算机平台。包括:①UNIX/Linux 系统;②集成代理服务器和 Perl 编程脚本;③对用户的访问会话过程跟踪;④可对服务器日志定制;⑤还支持虚拟主机及 HTTP 认证;等等。以下是用此方式配置基于 Linux 的 Web 服务器的全过程。

Apache 是 Linux 下的 Web 服务器,Apache 用的是静态页面,需要加载模块来支持动态页面,会动态实时的调整进程来处理,它支持虚拟主机应用和多个 Web 站点共享一个 IP 地址。

1.安装

安装 Web 服务器的过程如下:

(1)安装前可以先检测是否安装 Apache 服务(httpd 服务),用以下命令:

　　♯ rpm -qa | grep httpd

如果没有检测到软件包,可以采用两种方式进行安装:

1)离线安装。先下载离线安装包 httpd-2.2.3-6.i386.rpm,然后运行命令 ♯ rpm -ivh httpd-2.2.3-6.i386.rpm 进行安装。

2)在线安装。通过命令 yum group install 命令进行安装,建议用 group install 而不用 install 是因为 group install 会把该服务所有相关的服务包一起安装,这样不会因为丢失服务包而导致安装失败。

(2)安装成功后可以通过 service httpd restart 来启动服务,这里用 restart 而不用 start 的原因是 restart 更安全,因为你不知道该服务是否已经开启,如果已经 start 了再次用 start 可能会有意外的问题产生。

(3)通过命令 chkconfig httpd on 来开启 httpd 的自动启动服务,这样在下次开机后服务仍然是开启有效的,这样的好处在于通过设置自动启动服务,避免人为失误操作,也会保证计算机重启或者断电后服务还是开启的。

(4)验证 httpd 服务是否正常开启,是否能够对外提供服务,进入/var/www/html/,这里是主站点,可以写一个简单的页面,然后重定向到 index.html(默认的首页)。通过 http 访问该服务,如访问成功证明已经成功启动了该服务。

(5)通过命令 vim /etc/httpd/conf/httpd.conf 可以对 httpd 配置文件进行修改,也可以用配置文件里面的功能,有些功能用♯号注释掉了,如果想使用该功能的话,直接删除♯号,可以让内置的配置文件该功能生效。

(6)通过命令 ll /etc/httpd 可以查看到该目录下有 conf 和 conf.d 目录文件,再进一步查看/etc/httpd/conf.d 下面可以看到的文件都是 httpd 的模块文件,用来支持动态页面的模块文件。

(7)查看 Apache 日志信息,日志信息存储在/var/log/httpd/目录下,可以查看 http 和 https 的访问日志和错误日志等信息,通过这些日志信息帮我们了解到是什么原因导致 http、https 不能访问。

2. 配置文件

Apache 服务器的配置信息全部存储在主配置文件/etc/httpd/conf/httpd.conf 中,这个文件中的内容非常多,其中大部分是以♯开头的注释行。

httpd.conf 配置文件包括三部分:

1)Global Environment:全局环境配置,决定 Apache 服务器的全局参数。

2)Main server configuration:主服务配置,相当于是 Apache 中的默认 Web 站点,如果我们的服务器中只有一个站点,那么就只需在这里配置就可以了。

3)Virtual Hosts:虚拟主机,虚拟主机不能与 Main Server 主服务器共存,当启用了虚拟主机之后,Main Server 就不能使用了。

编辑/etc/httpd/conf/httpd.conf 文件主要配置以下这几个位置。

(1)ServerRoot [目录字符串]。指定守护进程 httpd 的运行目录,httpd 在启动之后会自动将进程的当前目录改变为这个目录。

(2)Listen。定义监听 IP 和或端口,其后是端口号,表示监听指定端口号的所有 IP 地址的 HTTP 请求。

例如:接受所有 IP 地址上 80 端口的 HTTP 请求:

Listen 80

也可以是 IP 和端口地址,二者之间用“:”隔开,表示只监听指定 IP 向指定端口的 HTTP请求。

例如:只接受来自某个 IP 的 80 端口的 HTTP 请求:

Listen 111.211.137.110:80

Listen 命令可以有多个,以监听多个 IP 和端口的 HTTP 请求。

例如:监听所有 IP 的 80 端口 HTTP 请求和某 IP 的 8080 端口的 HTTP 请求:

Listen 80

Listen 111.211.137.110:8080

(3)User daemon 和 Group daemon。定义 httpd 服务运行时使用的用户及其用户组,默认为用户 daemon 和用户组 daemon,daemon 是 httpd 安装是自动创建的。用户可以自己给 httpd 指定其他用户和用户组,前提是必须先建立该用户和用户组。这样经常用来给 httpd服务降低权限的,以提高系统的安全性。

(4)ServerName www.example.com:80。定义服务器名称,是服务器用于识别自身的方式,但这个过程服务器可以自动完成,可以不用指明。

7.3.4　FTP 服务器配置

在 Linux 系统中配置 FTP 服务器,这样用户可以将文件存储在 FTP 服务器上的主目录中,以便其他需要访问文件的用户建立 FTP 连接,将文件下载到本地计算机上。

1.FTP 的简介

文件传输协议(File Transfer Protocol,FTP)可以在网络中传输文档、图像、音频、视频和应用程序等多种类型的文件。如果用户需要将文件从自己的计算机发送给另一台计算机,可以使用 FTP 方式进行上传操作;而在更多的情况下,是用户使用 FTP 从服务器上下载文件。

一个完整的 FTP 文件传输需要建立两种类型的连接:一种为控制文件传输的命令,称为控制连接;另一种为实现真正的文件传输,称为数据连接。

控制连接:客户端希望与 FTP 服务器建立上传下载的数据传输时,它首先向服务器 TCP 协议的 21 端口发起一个建立连接的请求;FTP 服务器接受来自客户端的请求,完成连接的建立过程,这样的连接就称为 FTP 控制连接

数据连接:FTP 控制连接建立之后,即可开始传输文件,传输文件的连接称为 FTP 数据连接。FTP 数据连接就是 FTP 传输数据的过程,它有主动传输和被动传输两种传输模式。

2. FTP 传输模式

在建立数据连接传输数据的时候有两种传输模式,即主动模式和被动模式。

(1)主动模式(PORT 模式):主动模式的数据传输专有连接是在建立控制连接(用户身份验证完成)后,首先由 FTP 服务器使用 20 端口主动向客户端进行连接,建立专用于传输数据的连接,这种方式在网络管理上比较好控制。FTP 服务器上的端口 21 用于用户验证,端口 20 用于数据传输,只要将这两个端口开放就可以使用 FTP 功能了,此时客户端只是处于接收状态。

(2)被动模式(PASV 模式):被动模式与主动模式不同,数据传输专有连接是在建立控制连接(用户身份验证完成)后由客户端向 FTP 服务器发起连接的。客户端使用哪个端口,连接到 FTP 服务器的哪个端口都是随机产生的,服务器并不参与数据的主动传输,只是被动接受。

一般在 FTP 服务器部署的时候,其默认采用的是主动操作模式。如果 FTP 服务器的用户都是在内部网络中的,即不用像外部网络的用户提供 FTP 连接的需求,那么采用这个默认操作方式就可以了。但是如果一些出差在外或者用户在家庭办公时也需要访问公司内部的 FTP 服务器,而此时出于安全的考虑或者公网 IP 地址数量的限制,公司往往会把 FTP 服务器部署在防火墙或者 NAT 服务器的后面,此时这个主动操作模式就不能用了。总之,在 FTP 服务器部署的时候考虑是要采用主动操作模式还是被动操作模式,只需要记住一个原则,即如果把 FTP 服务器部署在防火墙或者 NAT 服务器之后,则采用主动操作模式的客户端只能够建立命令连接而无法进行文件传输。如果部署完 FTP 服务器后,系统管理员发现用户可以连接上 FTP 服务器,可以查看目录下的文件,但是却无法下载或者上传文件,如果排除权限方面的限制,那么很有可能就是这个操作模式选择错误。系统管理员告诉用户选择合适的操作模式,基本上就可以解决文件传输的问题了。

3. FTP 用户

在访问 FTP 服务器时提供了三类用户,不同的用户具有不同的访问权限和操作方式。

(1)匿名用户:使用这类用户可以匿名访问 FTP 服务器。匿名用户在 FTP 服务器中没有指定账号,但是它仍然可以匿名访问某些公开的资源。一般使用匿名用户访问 FTP 服务器时会使用 anonymous 或 ftp 账号。

(2)本地用户:这类用户在 FTP 服务器上拥有账号。当这类用户访问 FTP 服务器的时候,其默认的主目录就是其账号命名的目录,但是它还可以变更到其他目录中去。

(3)虚拟用户:在 FTP 服务器中,使用这类用户只能够访问其主目录下的文件,而不能访问主目录以外的文件,FTP 服务器通过这种方式来保障服务器上其他文件的安全性。

4. FTP 服务器安装和配置

(1)安装 FTP 服务器软件包。要配置 FTP 服务器,先要在 Linux 系统中使用以下命令查看 vsftpd 软件包是否已经安装。

♯ rpm -q vsftpd　　//vsftpd 服务主程序软件包

使用以下命令安装 vsfipd 软件包。

♯rpm -ivh vsftpd-3.0.2-10.el7.x86_64.rpm

(2)控制 vsftpd 服务。使用 systemctl 命令可以控制 vsfipd 服务的状态,以及当 vsftpd 服务器启动时设置自动启动服务。

1)启动 vsfipd 服务。

♯ systemctl start vsftpd.service

2)查看 vsftpd 服务状态

♯ systemctl status vsftpd.service

3)停止 vsftpd 服务。

♯ systemctl stop vsftpd.service

4)重新启动 vsftpd 服务。

♯ systemctl restart vsftpd.service

5)开机自动启动 vsftpd 服务

♯ systemctl enable vsftpd.service

思考题

1. 什么是端口? 端口可分为哪几类?

2. 什么是防火墙,它是如何发挥作用的?

3. 为什么要重视网络安全问题?

4. FTP 服务器的远程访问有哪几种方式? 它们的各自特点是什么?

5. 如何建立个人的 Web 站点?

第8章 Linux 图形界面

Linux 操作系统有两个重要的应用领域——服务器版和桌面版,服务器版通常由于图形环境占用系统资源而不需要图形环境,而桌面版的图形环境极其重要,因为图形环境为用户使用和管理计算机带来了便利,一些用户甚至只使用图形界面操作计算机,对于命令行方式感觉到不适应。其实,Linux 的图形环境也毫不逊色,目前较为流行的是 KDE(K Desktop Environment)和 GNOME(GNU Network Object Model Environment)桌面环境,很多常见的 Linux 发行版都发布有这两种桌面环境的安装镜像。国产操作系统麒麟 KYLinOS V10 的 UKUI 桌面环境和统信 UOS V20 的 deepin 桌面环境也极具特色,具有"热门的国产桌面系统"的标签,凭借"极致体验,美观高效"的特点留住了一大批的 Linux 爱好者。

本章讲解 Linux 图形界面的原理和构成并简要介绍目前主流的 Linux 桌面环境以及国产操作系统的桌面环境。

8.1 Linux 图形界面概述

在 Linux 的早期(20 世纪 90 年代初期),能用的只有一个简单的 Linux 操作系统文本界面。这个文本界面允许系统管理员运行程序,控制程序的执行以及在系统中移动文件。随着 Microsoft Windows 的普及,电脑用户已经不再满足于对着老式的文本界面工作了,完成工作的方式不止一种,Linux 一直以来都以此而闻名,在图形化桌面上更是如此,因此 Linux 图形化桌面环境应运而生。Linux 有各种图形化桌面可供选择,后面几节将会介绍其中一些比较流行的桌面。

Linux 桌面包含了以下几个组件:

(1)桌面组件。为了能协同工作,各种应用就需要有一些共性,而在几乎所有的 Linux 桌面组件中,这种共性就是 X 服务器(即 X Window 系统服务器)。可以把它想象为桌面的"内核",管理着窗口功能和显示配置,并处理来自键盘和鼠标等设备的输入。

X 服务器只是一个服务器,它无法决定桌面的表现形式。相反,用户界面是由 X 客户端处理的。基本的 X 客户端向 X 服务器发出请求以完成特定的窗口操作,如终端窗口和网页浏览器会连接到 X 服务器,并请求它绘制窗口。这样 X 服务器就会给出窗口的位置并在该位置提供图形界面,X 服务器也会在适当的时候将用户输入反馈给客户端。

Linux 并非唯一使用 X Window 的操作系统,它有针对不同操作系统的版本。在 Linux 世界里,能够实现 X Window 的软件包可不止一种,其中最流行的软件包是 X.org。其他 X Window 软件包也日渐流行,如 Fedora Linux 发行版采用了试验性的 Wayland 软件。

Ubuntu 发行版开发出了 Mir 显示服务器,用于其桌面环境。在首次安装 Linux 发行版时,它会检测显卡和显示器,然后创建一个含有必要信息的 X Window 配置文件。在安装过程中,你可能会注意到安装程序会检测一次显示器,以此来确定所支持的视频模式。有时这会造成显示器黑屏几秒。由于现在有多种不同类型的显卡和显示器,这个过程可能会需要一段时间来完成。核心的 X Window 软件可以产生图形化显示环境,但仅此而已。虽然对于运行独立应用这已经足够,但在日常使用中却并不是那么有用。它没有桌面环境供用户操作文件或是运行程序。为此,你需要一个建立在 X Window 系统软件之上的桌面环境。

(2)窗口管理器。X 客户端不一定是窗口化的应用,它可以是其他客户端的服务供应者,或者提供接口功能。而窗口管理器才是最重要的服务于客户端的应用,因为它负责窗口的位置安排,以及提供一些交互式装饰(例如用于窗口移动、缩放、开关的标题栏)。这些都是用户体验的核心。

窗口管理器的实现有很多种,GNOME 默认的窗口管理器是 Mutter,KDE 使用的是 KWin, Mutter 和 Compiz 之类基本上是独立的窗口管理器,而 Xfce 之类则是内置于整个环境中的。大部分窗口管理器的目标都是方便用户使用,有一些是为了实现特别的视觉效果,或者只为提供极简的界面。窗口管理器一般是不会有标准的,因为用户的品味和需求多种多样,而且经常变化,所以也经常诞生新的窗口管理器,常用的有 TWM、FVWM、MWM、lceWM、Windows Maker、Sawfish 等,可根据需要选择。

(3)工具包。在 Windows 或 Mac OS X 这类操作系统中,供应商会提供一套通用的工具包,大多数程序员都会使用到。而 Linux 最常用的则是 GTK+工具包,除此之外,QT 框架等其他工具也不少见。工具包一般会包含共享库和支持文件,如图像和主题信息。

(4)桌面环境。Linux 桌面环境其实是由一系列程序组成的,工具条、面板等都是程序。一个完整的图形桌面环境至少包括一个会话程序、一个窗口管理器、一个面板和一个桌面程序,会话程序用于保证 X 图形组件的正常运行,用于启动窗口管理器等程序的运行。Linux 通过 xinit 启动会话程序,在用户执行注销、重启、关机等操作之前它会一直保持运行。窗口管理器提供管理窗口的显示隐藏、前后位置和大小的后台程序。面板提供用户交互、便于用户运行程序。桌面程序显示背景,位于显示的最底层,窗口和桌面上的各种面板控件都在其上一层显示。

目前主流的 Linux 桌面环境有 KDE、GNOME、Unity 和 Xfce 等,国产操作系统麒麟和统信分别使用的是 UKUI 和 deepin。

(5)应用。桌面的顶端就是各种应用了,诸如网页浏览器、终端窗口等。简单如 xclock 程序,复杂如 Chrome 浏览器和 LibreOffice 套件,都是 X 应用。一般情况下它们是独立工作的,但其实它们也会使用进程间通信来响应与它们有关的事件。

8.2 KDE 桌面环境

KDE(K Desktop Environment,K 桌面环境)最初于 1996 年作为开源项目发布。它会生成一个类似于 Microsoft Windows 的图形化桌面环境。如果你是 Windows 用户,KDE 就集成了所有你熟悉的功能。KDE 的目标是提供一个传统的桌面布局,让大多数 Windows 用户感到舒适。图 8-1 展示了运行在 Fedora Linux 发行版上的 KDE 桌面。

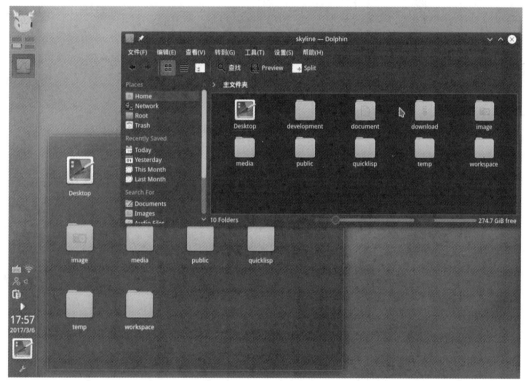

图 8-1 KDE 桌面环境

KDE 桌面允许你把应用程序图标和文件图标放置在桌面的特定位置上。单击应用程序图标,Linux 系统就会运行该应用程序。单击文件图标,KDE 桌面就会确定使用哪种应用程序来处理该文件。事实上,Windows 桌面是从 KDE 中获得了灵感,对其用户界面进行了一些改进,比如通过滚动任务栏中的音量图标来调整音量的大小。

桌面底部的横条称为面板,由以下四部分构成。

(1)KDE 菜单:和 Windows 的开始菜单非常类似,KDE 菜单包含了启动已安装程序的链接。

(2)程序快捷方式:在面板上有直接从面板启动程序的快速链接。

(3)任务栏:任务栏显示着当前桌面正运行的程序的图标。

(4)小应用程序:面板上还有一些特殊小应用程序的图标,这些图标常常会根据小应用程序的状态发生变化。

KDE 是所有桌面环境中最易定制的,如同其他桌面环境一样需要一些插件、小工具、配置工具来定制你的环境,KDE 把所有这些插件和工具都打包到系统设置里面。有了高级配置管理器,所有用户需求都可以被定制而不需要任何三方工具来美化和配置。

KDE 最大的优点在于定制性,毋庸置疑 KDE 拥有无法比拟的定制性(blur 效果或者纯透明效果,通过 kvantum 还可以修改 QT 类型应用的视觉效果,窗口的边框大小效果也可以修改,还有绝大多数颜色都可以自定义,GNOME 这些都做不到或很难做到)。

在 KDE 环境的一些默认应用是——Dolphin (文件管理器)、Konsole (终端)、Kate (文本编辑器)、Gwenview (图片查看器)、Okular (文档、PDF 查看器)、Digikam (图形编辑管理工具)、KMail (E-mail 客户端)、Quassel (IRC 客户端)、K3b (DVD 烧录应用)、Krunner (launcher)等等。

KDE 桌面环境归纳起来有以下优、缺点。

(1)优点:

1)内存占用较少,通常被认为比其他大多数桌面环境要快。

2)可配置性高,具有丰富的配置选项和小程序插件,能满足不同的定制需求。

3)拥有自己的软件中心 discover,可以安装系统软件源中的软件。

4)兼容性好。

(2)缺点:

1)国内应用不多,生态不好,QT 开发和 store 中国元素少。

2)一些组件对普通用户来说太复杂比如 Kmail。

所有的面板功能都和 Windows 上看到的类似。除了桌面功能,KDE 桌面环境还有大量的可运行在 KDE 环境中的应用程序。很多流行的 Linux 发布都提供 KDE,例如 Ubuntu,Linux Mint,OpenSUSE,Fedora,kubuntu,PCLinuxOS。

8.3　GNOME 桌面环境

GNOME(GNU Network Object Model Environment,GNU 网络对象模型环境)是另一个流行的 Linux 桌面环境。GNOME 于 1999 年首次发布,现已成为许多 Linux 发行版默认的桌面环境(如 Red Hat Linux)。尽管 GNOME 决定不再沿用 Microsoft Windows 的标准观感(look-and-feel),但它还是集成了许多 Windows 用户习惯的功能。

(1)一块放置图标的桌面区域。

(2)两个面板区域。

(3)拖放功能。

图 8-2 展示了 CentOS7 发行版采用的标准 GNOME 桌面。GNOME 开发人员不甘示弱于 KDE,也开发了一批集成进 GNOME 桌面的图形化程序。

GNOME 还是很流行并且被广泛使用。GNOME 包含简单的核心思想和更快桌面环境,这就是为什么 GNOME 仍然是简单和快速的。定制可以通过第三方应用和工具来实现。

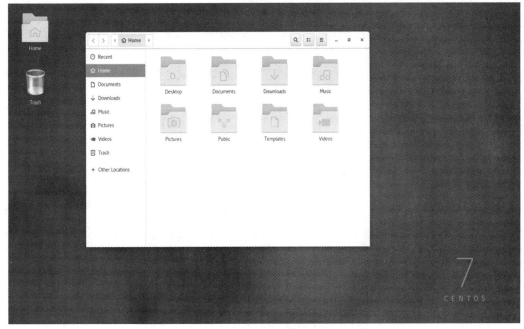

图 8 - 2　GNOME 桌面环境

GNOME 为那些不喜欢设置调整系统的那些用户考虑,这就是为什么 GNOME 甚至不包括一些简单的设置选项,更换主题甚至字体。这些基本的设置,用户需要安装 GNOME-tweak-tool。因此默认的整体 GNOME 可定制化的程度是不高的,但是这可以通过第三方应用/工具来做。

GNOME 是 Fedora 的默认桌面环境,在几个流行的 Linux 发行版中都可以见到她的身影,例如,Ubuntu,Debian,OpenSUSE 和更多的发行版。

GNOME 桌面环境归纳起来有如下优、缺点。

(1)优点:

1)简单,易用。

2)功能可以通过插件扩展。

(2)缺点:

1)缺少许多在其他桌面环境中提供的特性(功能)。

2)插件管理弱。

如何选择 KDE 和 GNOME?(网上的问答或许可以给你一些建议)

(摘自:KDE vs GNOME:What's the Ultimate Linux Desktop Choice?)

(1)为什么 KDE 不流行?

KDE 可以说是继 GNOME 之后第二受欢迎的桌面环境。然而,它并不是主流发行版和 Ubuntu、Pop!＿OS、Fedora 等流行选项的默认选择;因此,你可以看到身边都是GNOME。

(2)GNOME 比 KDE 更稳定吗？

这两个桌面环境都是由有经验的开发者团队建立的,并定期进行修复和改进。到目前为止,GNOME 已经有多次彻底的改变。因此,从这个角度来说,KDE 可以被认为是更一致和稳定的体验。

(3)KDE 是否比 GNOME 更快？

是的,但应该注意的是,性能取决于你做什么和可用的系统资源。对于一些用户来说,最少的资源消耗可能是一个很大的胜利。而对某些人来说,随着可用资源的增加,差异也会逐渐消失。

(4)KDE 比 GNOME 好吗？

KDE 具有更多的应用、自定义选项和额外的功能。然而,对于那些不希望获得任何此类选项的用户来说,它可能会让人感到不知所措。

最后总结一下:如果用户喜欢简洁的用户体验和较为现代的外观,GNOME 可能是一个更好的选择。

归根结底,这都是你的喜好,而不是一个桌面环境的优势。

8.4　国产操作系统桌面环境

8.4.1　麒麟 KYLinOS V10 的 UKUI 桌面环境

UKUI 是由麒麟团队开发的一款轻量级的 Linux 桌面环境,默认搭载于优麒麟社区各版本操作系统中,同时支持 Ubuntu、Debian、Arch、openEuler 等主流 Linux 发行版。自 UKUI 发布以来,便得到了国内外 Linux 爱好者的广泛关注。

如图 8-3 所示,麒麟操作系统 V10 集成了 UKUI 桌面环境,支持多壁纸、自由选择定制主题、方便控制各类软件和硬件的控制参数。还可以兼容丰富外设如打印机、扫描仪、双目摄像头等。UKUI3.0 在设计上已经走出了属于自己的风格,3.1 版本自然青出于蓝。UKUI3.1 有"启典""和印""寻光"三套系统主题,叩响"厚积薄发"的设计理念,展现出银河麒麟操作系统的深厚历史与光明未来。其中,"启典"喻义"起点"(麒麟 OS 的起步阶段),代表麒麟操作系统历史积累的源头,国产自主研发启航的标志;"和印"喻示一步一个脚印,代表承上启下,产品与用户之间的和谐共生;而"寻光"则寓意寻找光彩,是对科技研发和美好生活的追寻与探索。UKUI3.1 在设计上追求颜值与品质的双统一,满足用户情感化需求的同时,从设计上尽可能改善用户体验,让用户一目了然,眼前一亮。系统图标看上去不会过于单调和乏味,简约中透露出个性,让用户感知设计的美妙和操作的愉悦。

在桌面环境中,麒麟的几款自研应用,是让麒麟操作系统更加简单好用的关键。首先是麒麟更新管理器,它是能够提供系统各类升级功能的统一管理软件,支持 ftp 源、http 源下的补丁升级、漏洞升级、SP 升级。也就是说,用户一旦安装麒麟 V10,系统能够自动或者手动进行更新升级,将一直处在最新的状态。其次是麒麟软件商店,它是麒麟应用的一个分发入口,类似于常见的各种应用商城,从这里可以找到超过 400 款优质应用,微信、QQ 等众多软件,都能够在这里安装、更新或卸载。而对于计算机常见的一些问题,比如使用过程中产生的垃圾,则可以通过麒麟助手,对计算机进行深度扫描,全面清除系统残留的垃圾文件、历史痕迹、cookie 等,保障电脑的流畅运行。如果遇到突发的系统故障、数据丢失等情况,只要使用麒麟备份还原工具,就可以不依赖其它备份软件,对系统文件和用户数据进行备份,并实现系统的全局还原和部分还原,轻松就能够恢复系统故障。

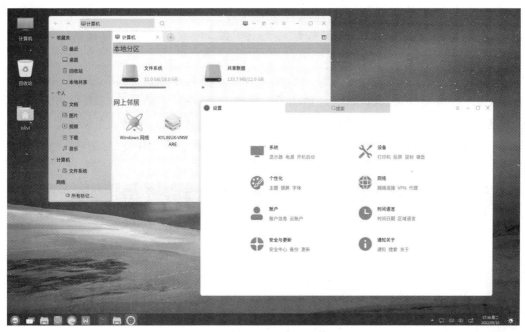

图 8-3　UKUI 桌面环境

安全方面,麒麟 V10 内生本质安全体系,提供了内核级别的安全防护,不仅可以实现安全机制和开源强访控制兼容管控,还可以自动识别并且阻止非法导入的软件,保护私有数据不被超级用户获取并支持国密算法。V10 中自带的麒麟安全管理工具,不仅可以一键开启系统的安全管理模式,还可以配置执行内核模块保护等多重保护。

在用户个人的安全认证方面,可以通过自带的麒麟生物特征管理软件,支持指纹、虹膜、声纹等多种生物特征认证方式,并对这些数据,以及相应的服务、驱动等进行统一管理。对于有保密需求的个人和企业来说,在操作系统上是一个完美的选择。在这些基础的应用之外,为了满足用户多样化的需求,麒麟软件还打造了一款完全原生、高兼容性的安卓运行环境 Kydroid,有了它,安卓运行环境就以组件化的方式,轻松运行在了麒麟 V10 之上。从体验上说,运行安卓 app 跟运行普通的应用没有任何差别,不仅极大地拓展了麒麟的应用生态,也满足用户更多样化的需求。除此之外,麒麟操作系统还针对飞腾 CPU,以及其他国产芯片的特点,在功耗管理、内核锁、内核页拷贝、网络、VFS、NVME 等方面都做了大幅度优化,以实现在国产平台上的最佳体验。

麒麟 V10 操作系统,是丰富经验和深厚技术积累的集大成之作,是启动新纪元的开山之作。不论从兼容性、稳定性、安全性,还是性能、交互界面设计上,都具有很高的完成度。而除了桌面端,麒麟 V10 也有服务器操作系统,同样在整体性能和优化方面有了大幅度的提升。

8.4.2 统信 UOS V20 的 deepin 桌面环境

Deepin 是由中国软件公司深度公司开发的 Deepin Linux 发行版(也是 Linux 基金会的成员)的默认桌面(实际上是专门为其创建的)。Deepin 为 GNOME Shell,Cinnamon 和 Unity 桌面提供了一个有吸引力的替代方案,与传统的 Linux 桌面相比,它有许多不同之处,这导致了其独特的用户体验。

统信 U0S V20 采用的是 Deepin 桌面环境,它是一种构建在普通技术之上的定制界面,不仅仅是一个桌面外壳,Deepin 已经创建了一系列应用程序,它是美观易用、极简操作的桌面环境,主要由桌面、启动器、任务栏、控制中心、窗口管理器等组成,系统中预装了一些特色应用,它既能体验到丰富多彩的娱乐生活,也可以满足您的日常工作需要,图 8 - 4 显示的是 Deepin 桌面环境。

图 8 - 4　统信 UOS V20 的 Deepin 桌面环境

Deepin 桌面环境预装了多款精心设计的"官方原创应用程序",如深度截图、看图、深度影院、深度音乐、字体安装器、深度日历、录屏、录音、远程协助、备份还原工具等一系列实用小工具,让在用 Linux 工作时,有更多趁手的工具供你使用。

1. 罗列出至少五个常见的桌面环境。

2. 窗口管理器有什么作用?

3. X Window 的体系结构中主要包括哪两个部分?

4. KDE 桌面环境由哪几个部分组成? 各自的主要功能是什么?

5. 国产操作系统中桌面环境都有哪些特色?

附　　录

附表 1　系统信息

命　令	说　明
arch	显示机器的处理器架构(1)
cal 2021	显示 2021 年的日历表
cat /proc/cpuinfo	显示 CPU info 的信息
cat /proc/interrupts	显示中断
cat /proc/meminfo	校验内存使用
cat /proc/swaps	显示哪些 swap 被使用
cat /proc/version	显示内核的版本
cat /proc/net/dev	显示网络适配器及统计
cat /proc/mounts	显示已加载的文件系统
clock -w	将时间修改保存到 BIOS
date	显示系统日期
date 051217002022.00	设置日期和时间 - 月日时分年.秒
dmidecode -q	显示硬件系统部件 - (SMBIOS / DMI)
hdparm -i /dev/sda	罗列一个磁盘的架构特性
hdparm -tT /dev/sda	在磁盘上执行测试性读取操作
lspci -tv	罗列 PCI 设备
lsusb -tv	显示 USB 设备
uname -m	显示机器的处理器架构(2)
uname -r	显示正在使用的内核版本

附表 2　关机

命　令	说　明
init 0	关闭系统(1)
logout	注销
reboot	重启(1)
shutdown -h now	关闭系统(2)
shutdown -h 16:30 &	按预定时间关闭系统
shutdown -c	取消按预定时间关闭系统
shutdown -r now	重启(2)
telinit 0	关闭系统(3)

附表 3　文件和目录

命　令	说　明
cd /home	进入 '/ home' 目录
cd ..	返回上一级目录
cd ../..	返回上两级目录
cd	进入个人的主目录
cd ～user1	进入个人的主目录
cd -	返回上次所在的目录
cp file1 file2	复制一个文件
cp dir/ * .	复制一个目录下的所有文件到当前工作目录
cp -a /tmp/dir1 .	复制一个目录到当前工作目录
cp -a dir1 dir2	复制一个目录
cp file file1	将 file 复制为 file1
iconv -l	列出已知的编码
iconv -f fromEncoding -t toEncoding inputFile ＞ outputFile	改变字符的编码
ln -s file1 lnk1	创建一个指向文件或目录的软链接
ln file1 lnk1	创建一个指向文件或目录的物理链接
ls	查看目录中的文件
ls -F	查看目录中的文件
ls -l	显示文件和目录的详细资料
ls -a	显示隐藏文件
ls * [0-9] *	显示包含数字的文件名和目录名
lstree	显示文件和目录由根目录开始的树形结构(2)
mkdir dir1	创建 'dir1' 的目录
mkdir dir1 dir2	同时创建两个目录
mkdir -p /tmp/dir1/dir2	创建一个目录树
mv dir1 newdir	重命名/移动 一个目录
pwd	显示工作路径
rm -f file1	删除 'file1' 的文件
rm -rf dir1	删除 'dir1' 的目录并同时删除其内容
rm -rf dir1 dir2	同时删除两个目录及它们的内容
rmdir dir1	删除 'dir1' 的目录
touch -t 2205250000 file1	修改一个文件或目录的时间戳-(YYMMDDh-hmm)

附表 4　文件搜索

命　令	说　明
find / -name file1	从 '/' 开始进入根文件系统搜索文件和目录
find / -user user1	搜索属于用户 'user1' 的文件和目录
find /home/user1 -name [. bin	在目录 '/ home/user1' 中搜索带有 '. bin' 结尾的文件
find /usr/bin -type f -atime ＋100	搜索在过去 100 天内未被使用过的执行文件
find /usr/bin -type f -mtime -10	搜索在 10 天内被创建或者修改过的文件

续 表

命 令	说 明
find / -name *.rpm -exec chmod 755 '{}' ;	搜索以'.rpm'结尾的文件并定义其权限
find / -xdev -name 〔.rpm	搜索以'.rpm'结尾的文件,忽略光驱、捷盘等可移动设备
locate 〔.ps	寻找以'.ps'结尾的文件,先运行'updatedb'命令
whereis halt	显示一个二进制文件、源码或 man 的位置
which halt	显示一个二进制文件或可执行文件的完整路径

附表 5 磁盘空间

命 令	说 明
df -h	显示已经挂载的分区列表
dpkg-query -W -f='$ {Installed-Size;10} t $ {Package}n' | sort -k1,1n	以大小为依据显示已安装的 deb 包所使用的空间(ubuntu, debian 类系统)
du -sh dir1	估算目录'dir1'已经使用的磁盘空间'
du -sk * | sort -rn	以容量大小为依据依次显示文件和目录的大小
ls -lSr |more	以尺寸大小排列文件和目录
rpm -q -a --qf '%10{SIZE}t%{NAME}n' | sort -k1,1n	以大小为依据依次显示已安装的 rpm 包所使用的空间 (fedora, redhat 类系统)挂载一个文件系统

附表 6 挂载一个文件系统

命 令	说 明
fuser -km /mnt/hda2	当设备繁忙时强制卸载
mount /dev/hda2 /mnt/hda2	挂载 hda2 的盘 - 确定目录'/ mnt/hda2'已经存在
mount /dev/fd0 /mnt/floppy	挂载一个软盘
mount /dev/cdrom /mnt/cdrom	挂载一个 cdrom 或 dvdrom
mount /dev/hdc /mnt/cdrecorder	挂载一个 cdrw 或 dvdrom
mount /dev/hdb /mnt/cdrecorder	挂载一个 cdrw 或 dvdrom
mount -o loop file.iso /mnt/cdrom	挂载一个文件或 ISO 镜像文件
mount -t vfat /dev/hda5 /mnt/hda5	挂载一个 Windows FAT32 文件系统
mount /dev/sda1 /mnt/usbdisk	挂载一个 usb 捷盘或闪存设备
mount -t smbfs -o username = user, password=pass //WinClient/share /mnt/share	挂载一个 windows 网络共享
umount /dev/hda2	卸载 hda2 的盘 - 先从挂载点'/ mnt/hda2'退出
umount -n /mnt/hda2	运行卸载操作而不写入 /etc/mtab 文件,当文件为只读或当磁盘写满时非常有用

附表 7　用户和群组

命　令	说　明
chage -E 2005-12-31 user1	设置用户口令的失效期限
groupadd〔group〕	创建一个新用户组
groupdel〔group〕	删除一个用户组
groupmod -n moon sun	重命名一个用户组
grpck	检查 '/etc/passwd' 的文件格式和语法修正以及存在的群组
newgrp-〔group〕	登录进一个新的群组以改变新创建文件的预设群组
passwd	修改口令
passwd user1	修改一个用户的口令（只允许 root 执行）
pwck	检查 '/etc/passwd' 的文件格式和语法修正以及存在的用户
useradd -c "User Linux" -g admin -d /home/user1 -s /bin/bash user1	创建一个属于 "admin" 用户组的用户
useradd user1	创建一个新用户
userdel -r user1	删除一个用户（'-r' 排除主目录）
usermod -c "User FTP" -g system -d /ftp/user1 -s /bin/nologin user1	修改用户属性

附表 8　文件的权限

命　令	说　明
chgrp group1 file1	改变文件的群组
chmod ugo+rwx directory1	设置目录的所有人（u）、群组（g）以及其他人（o）以读（r）、写（w）和执行（x）的权限
chmod go-rwx directory1	删除群组（g）与其他人（o）对目录的读写执行权限
chmod u+s /bin/file1	设置一个二进制文件的 SUID 位，运行该文件的用户也被赋予和所有者同样的权限
chmod u-s /bin/file1	禁用一个二进制文件的 SUID 位
chmod g+s /home/public	设置一个目录的 SGID 位，类似 SUID，不过这是针对目录的
chmod g-s /home/public	禁用一个目录的 SGID 位
chmod o+t /home/public	设置一个文件的 STIKY 位，只允许合法所有人删除文件

续 表

命 令	说 明
chmod o-t /home/public	禁用一个目录的 STIKY 位
chown user1 file1	改变一个文件的所有人属性
chown -R user1 directory1	改变一个目录的所有人属性并同时改变改目录下所有文件的属性
chown user1:group1 file1	改变一个文件的所有人和群组属性
find / -perm -u+s	罗列一个系统中所有使用了 SUID 控制的文件
ls -lh	显示权限
ls /tmp | pr -T5 -W $COLUMNS	将终端划分成 5 栏显示

附表 9 文件的特殊属性

命 令	说 明
chattr +a file1	只允许以追加方式读写文件
chattr +c file1	允许这个文件能被内核自动压缩/解压
chattr +d file1	在进行文件系统备份时,dump 程序将忽略这个文件
chattr +i file1	设置成不可变的文件,不能被删除、修改、重命名或者链接
chattr +s file1	允许一个文件被安全地删除
chattr +S file1	一旦应用程序对这个文件执行了写操作,使系统立刻把修改的结果写到磁盘
chattr +u file1	若文件被删除,系统会允许你在以后恢复这个被删除的文件
lsattr	显示特殊的属性

附表 10 打包和压缩文件

命 令	说 明
bunzip2 file1.bz2	解压'file1.bz2'的文件
bzip2 file1	压缩'file1'的文件
gunzip file1.gz	解压'file1.gz'的文件
gzip file1	压缩'file1'的文件
gzip -9 file1	最大程度压缩
rar a file1.rar test_file	创建'file1.rar'的包
rar a file1.rar file1 file2 dir1	同时压缩'file1','file2'以及目录'dir1'
rar x file1.rar	解压 rar 包
tar -cvf archive.tar file1	创建一个非压缩的 tarball
tar -cvf archive.tar file1 file2 dir1	创建一个包含了'file1','file2'以及'dir1'的档案文件
tar -tf archive.tar	显示一个包中的内容
tar -xvf archive.tar	释放一个包
tar -xvf archive.tar -C /tmp	将压缩包释放到 /tmp 目录下
tar -cvfj archive.tar.bz2 dir1	创建一个 bzip2 格式的压缩包
tar -xvfj archive.tar.bz2	解压一个 bzip2 格式的压缩包

续　表

命　令	说　明
tar -cvfz archive. tar. gz dir1	创建一个 gzip 格式的压缩包
tar -xvfz archive. tar. gz	解压一个 gzip 格式的压缩包
unrar x file1. rar	解压 rar 包
unzip file1. zip	解压一个 zip 格式压缩包
zip file1. zip file1	创建一个 zip 格式的压缩包
zip -r file1. zip file1 file2 dir1	将几个文件和目录同时压缩成一个 zip 格式的压缩包

附表 11　RPM 包 (Fedora, Red Hat and like)

命　令	说　明
rpm -ivh [package. rpm]	安装一个 rpm 包
rpm -ivh --nodeeps [package. rpm]	安装一个 rpm 包而忽略依赖关系警告
rpm -U [package. rpm]	更新一个 rpm 包但不改变其配置文件
rpm -F [package. rpm]	更新一个确定已经安装的 rpm 包
rpm -e [package]	删除一个 rpm 包
rpm -qa	显示系统中所有已经安装的 rpm 包
rpm -qa	grep httpd	显示所有名称中包含"httpd"字样的 rpm 包
rpm -qi [package]	获取一个已安装包的特殊信息
rpm -qg "System Environment/Daemons"	显示一个组件的 rpm 包
rpm -ql [package]	显示一个已经安装的 rpm 包提供的文件列表
rpm -qc [package]	显示一个已经安装的 rpm 包提供的配置文件列表
rpm -q [package] --whatrequires	显示与一个 rpm 包存在依赖关系的列表
rpm -q [package] --whatprovides	显示一个 rpm 包所占的体积
rpm -q [package] --scripts	显示在安装/删除期间所执行的脚本1
rpm -q [package] --changelog	显示一个 rpm 包的修改历史
rpm -qf /etc/httpd/conf/httpd. conf	确认所给的文件由哪个 rpm 包所提供
rpm -qp [package. rpm] -1	显示由一个尚未安装的 rpm 包提供的文件列表
rpm --import /media/cdrom/RPM-GPG-KEY	导入公钥数字证书
rpm --checksig [package. rpm]	确认一个 rpm 包的完整性
rpm -qa gpg-pubkey	确认已安装的所有 rpm 包的完整性
rpm -V [package]	检查文件尺寸、许可、类型、所有者、群组、MD5 检查以及最后修改时间
rpm -Va	检查系统中所有已安装的 rpm 包,小心使用
rpm -Vp [package. rpm]	确认一个 rpm 包还未安装
rpm -ivh /usr/src/[package. rpm]	从一个 rpm 源码安装一个构建好的包
rpm2cpio [package. rpm]	cpio --extract --make-directories * bin *	从一个 rpm 包运行可执行文件
rpmbuild --rebuild [package. src. rpm]	从一个 rpm 源码构建一个 rpm 包

附表 12　YUM 软件工具

命　令	说　明
yum -y install [package]	下载并安装一个 rpm 包
yum localinstall [package.rpm]	将安装一个 rpm 包,使用你自己的软件仓库为你解决所有依赖关系
yum -y update	更新当前系统中所有安装的 rpm 包
yum update [package]	更新一个 rpm 包
yum remove [package]	删除一个 rpm 包
yum list	列出当前系统中安装的所有包
yum search [package]	在 rpm 仓库中搜寻软件包
yum clean [package]	清理 rpm 缓存删除下载的包
yum clean headers	删除所有头文件
yum clean all	删除所有缓存的包和头文件

附表 13　DEB 包(Debian,Ubuntu and like)

命　令	说　明
dpkg -i [package.deb]	安装/更新一个 deb 包
dpkg -r [package]	从系统删除一个 deb 包
dpkg -l	显示系统中所有已经安装的 deb 包
dpkg -l | grep httpd	显示所有名称中包含 "httpd" 字样的 deb 包
dpkg -s [package]	获得已经安装在系统中一个特殊包的信息
dpkg -L [package]	显示系统中已经安装的一个 deb 包所提供的文件列表
dpkg --contents [package.deb]	显示尚未安装的一个包所提供的文件列表
dpkg -S /bin/ping	确认所给的文件由哪个 deb 包提供

附表 14　APT 软件工具(Debian,Ubuntu and alike)

命　令	说　明
apt-cache search [package]	返回包含所要搜索字符串的软件包名称
apt-cdrom install [package]	从光盘安装/更新一个 deb 包
apt-get install [package]	安装/更新一个 deb 包
apt-get update	升级列表中的软件包
apt-get upgrade	升级所有已安装的软件
apt-get remove [package]	从系统删除一个 deb 包
apt-get check	确认依赖的软件仓库正确
apt-get clean	从下载的软件包中清理缓存

附表 15　查看文件内容

命　令	说　明
cat file1	从第一个字节开始正向查看文件的内容
head -2 file1	查看一个文件的前两行

续 表

命　令	说　明
less file1	类似于'more'命令,但是它允许在文件中和正向操作一样的反向操作
more file1	查看一个长文件的内容
tac file1	从最后一行开始反向查看一个文件的内容
tail -2 file1	查看一个文件的最后两行
tail -f /var/log/messages	实时查看被添加到一个文件中的内容

附表 16　文本处理

命　令	说　明
cat example. txt ｜ awk 'NR％2＝＝1'	删除 example. txt 文件中的所有偶数行
echo a b c ｜ awk '｛print ＄1｝'	查看一行第一栏
echo a b c ｜ awk '｛print ＄1,＄3｝'	查看一行的第一和第三栏
cat -n file1	标示文件的行数
comm -1 file1 file2	比较两个文件的内容只删除'file1'所包含的内容
comm -2 file1 file2	比较两个文件的内容只删除'file2'所包含的内容
comm -3 file1 file2	比较两个文件的内容只删除两个文件共有的部分
diff file1 file2	找出两个文件内容的不同处
grep Aug /var/log/messages	在文件'/var/log/messages'中查找关键词"Aug"
grep ^Aug /var/log/messages	在文件'/var/log/messages'中查找以"Aug"开始的词汇
grep ［0-9］ /var/log/messages	选择'/var/log/messages'文件中所有包含数字的行
grep Aug -R /var/log/ ＊	在目录'/var/log'及随后的目录中搜索字符串"Aug"
paste file1 file2	合并两个文件或两栏的内容
paste -d '＋' file1 file2	合并两个文件或两栏的内容,中间用"＋"区分
sdiff file1 file2	以对比的方式显示两个文件的不同
sed 's/string1/string2/g' example. txt	将 example. txt 文件中的"string1"替换成"string2"
sed '/^＄/d' example. txt	从 example. txt 文件中删除所有空白行
sed '/ ＊ ＃/d; /^＄/d' example. txt	去除文件 example. txt 中的注释与空行
sed -e '1d' exampe. txt	从文件 example. txt 中排除第一行
sed -n '/string1/p'	查看只包含词汇 "string1"的行
sed -e 's/ ＊ ＄//' example. txt	删除每一行最后的空白字符
sed -e 's/string1//g' example. txt	从文档中只删除词汇"string1"并保留剩余全部
sed -n '1,5p' example. txt	显示文件 1 至 5 行的内容
sed -n '5p;5q' example. txt	显示 example. txt 文件的第 5 行内容
sed -e 's/00 ＊ /0/g' example. txt	用单个零替换多个零
sort file1 file2	排序两个文件的内容
sort file1 file2 ｜ uniq	取出两个文件的并集(重复的行只保留一份)
sort file1 file2 ｜ uniq -u	删除交集,留下其他的行
sort file1 file2 ｜ uniq -d	取出两个文件的交集(只留下同时存在于两个文件中的文件)
echo 'word' ｜ tr '［:lower:］' '［:upper:］'	合并上下单元格内容

附表 17 字符设置和文件格式

命 令	说 明
dos2UNIX filedos. txt fileUNIX. txt	将一个文本文件的格式从 MSDOS 转换成 UNIX
recode .. HTML < page. txt > page. html	将一个文本文件转换成 html
recode -l | more	显示所有允许的转换格式
UNIX2dos fileUNIX. txt filedos. txt	将一个文本文件的格式从 UNIX 转换成 MSDOS

附表 18 文件系统分析

命 令	说 明
badblocks -v /dev/hda1	检查磁盘 hda1 上的坏磁块
dosfsck /dev/hda1	修复/检查 hda1 磁盘上 dos 文件系统的完整性
e2fsck /dev/hda1	修复/检查 hda1 磁盘上 ext2 文件系统的完整性
e2fsck -j /dev/hda1	修复/检查 hda1 磁盘上 ext3 文件系统的完整性
fsck /dev/hda1	修复/检查 hda1 磁盘上 linux 文件系统的完整性
fsck. ext2 /dev/hda1	修复/检查 hda1 磁盘上 ext2 文件系统的完整性
fsck. ext3 /dev/hda1	修复/检查 hda1 磁盘上 ext3 文件系统的完整性
fsck. vfat /dev/hda1	修复/检查 hda1 磁盘上 fat 文件系统的完整性
fsck. msdos /dev/hda1	修复/检查 hda1 磁盘上 dos 文件系统的完整性

附表 19 初始化文件系统

命 令	说 明
fdformat -n /dev/fd0	格式化一个软盘
mke2fs /dev/hda1	在 hda1 分区创建一个 linux ext2 的文件系统
mke2fs -j /dev/hda1	在 hda1 分区创建一个 linux ext3(日志型)的文件系统
mkfs /dev/hda1	在 hda1 分区创建一个文件系统
mkfs -t vfat 32 -F /dev/hda1	创建一个 FAT32 文件系统
mkswap /dev/hda3	创建一个 swap 文件系统

附表 20 SWAP 文件系统

命 令	说 明
mkswap /dev/hda3	创建一个 swap 文件系统
swapon /dev/hda3	启用一个新的 swap 文件系统
swapon /dev/hda2 /dev/hdb3	启用两个 swap 分区

附表 21　Backup

命　令	说　明
find /var/log -name ′＊. log′ | tar cv --files-from=- | bzip2 ＞ log. tar. bz2	查找所有以'. log'结尾的文件并做成一个 bzip 包
find /home/user1 -name ′＊. txt′ | xargs cp -av --target-directory=/home/backup/ --parents	从一个目录查找并复制所有以'. txt'结尾的文件到另一个目录
dd bs＝1M if＝/dev/hda | gzip | ssh user@ip _addr ′dd of＝hda. gz′	通过 ssh 在远程主机上执行一次备份本地磁盘的操作
dd if＝/dev/sda of＝/tmp/file1	备份磁盘内容到一个文件
dd if＝/dev/hda of＝/dev/fd0 bs＝512 count ＝1	做一个将 MBR（Master Boot Record）内容复制到软盘的动作
dd if＝/dev/fd0 of＝/dev/hda bs＝512 count ＝1	从已经保存到软盘的备份中恢复 MBR 内容
dump -0aj -f /tmp/home0. bak /home	制作一个'/home'目录的完整备份
dump -1aj -f /tmp/home0. bak /home	制作一个'/home'目录的交互式备份
restore -if /tmp/home0. bak	还原一个交互式备份
rsync -rogpav --delete /home /tmp	同步两边的目录
rsync -rogpav -e ssh --delete /home ip _ ad-dress:/tmp	通过 SSH 通道 rsync
rsync -az -e ssh --delete ip_addr:/home/public /home/local	通过 ssh 和压缩将一个远程目录同步到本地目录
rsync -az -e ssh --delete /home/local ip_addr:/ home/public	通过 ssh 和压缩将本地目录同步到远程目录
tar -Puf backup. tar /home/user	执行一次对'/home/user'目录的交互式备份操作
(cd /tmp/local/ && tar c .) | ssh -C user@ ip_addr ′cd /home/share/ && tar x -p′	通过 ssh 在远程目录中复制一个目录内容
(tar c /home) | ssh -C user@ip_addr ′cd / home/backup-home && tar x -p′	通过 ssh 在远程目录中复制一个本地目录
tar cf - . | (cd /tmp/backup ; tar xf -)	本地将一个目录复制到另一个地方,保留原有权限及链接

附表 22　光盘

命令	说明
cd-paranoia -B	从一个 CD 光盘转录音轨到 wav 文件中
cd-paranoia --	从一个 CD 光盘转录音轨到 wav 文件中（参数-3）
cdrecord -v gracetime＝2 dev＝/dev/cdrom -eject blank＝fast -force	清空一个可复写的光盘内容
cdrecord -v dev＝/dev/cdrom cd. iso	刻录一个 ISO 镜像文件
gzip -dc cd_iso. gz | cdrecord dev＝/dev/cdrom -	刻录一个压缩了的 ISO 镜像文件
cdrecord --scanbus	扫描总线以识别 scsi 通道
dd if＝/dev/hdc | md5sum	校验一个设备的 md5sum 编码,例如一张 CD
mkisofs /dev/cdrom ＞ cd. iso	在磁盘上创建一个光盘的 iso 镜像文件
mkisofs /dev/cdrom | gzip ＞ cd_iso. gz	在磁盘上创建一个压缩了的光盘 iso 镜像文件
mkisofs -J -allow-leading-dots -R -V	创建一个目录的 iso 镜像文件
mount -o loop cd. iso /mnt/iso	挂载一个 ISO 镜像文件

附表 23　网络（LAN / WiFi）

命令	说明
dhclient eth0	以 dhcp 模式启用 'eth0' 网络设备
ethtool eth0	显示网卡 'eth0' 的流量统计
host www. example. com	查找主机名以解析名称与 IP 地址及镜像
hostname	显示主机名
ifconfig eth0	显示一个以太网卡的配置
ifconfig eth0 192.168.1.1 netmask 255.255.255.0	控制 IP 地址
ifconfig eth0 promisc	设置 'eth0' 成混杂模式以嗅探数据包（sniffing）
ifdown eth0	禁用一个 'eth0' 网络设备
ifup eth0	启用一个 'eth0' 网络设备
ip link show	显示所有网络设备的连接状态
iwconfig eth1	显示一个无线网卡的配置
iwlist scan	显示无线网络
mii-tool eth0	显示 'eth0' 的连接状态
netstat -tup	显示所有启用的网络连接和它们的 PID
netstat -tupl	显示系统中所有监听的网络服务和它们的 PID
netstat -rn	显示路由表,类似于"route -n"命令
nslookup www. example. com	查找主机名以解析名称与 IP 地址及镜像
route -n	显示路由表
route add -net 0/0 gw IP_Gateway	控制预设网关
route add -net 192.168.0.0 netmask 255.255.0.0 gw 192.168.1.1	控制通向网络 '192.168.0.0/16' 的静态路由

续　表

命　令	说　明
route del 0/0 gw IP_gateway	删除静态路由
echo "1" ＞ /proc/sys/net/ipv4/ip_forward	激活 IP 转发
tcpdump tcp port 80	显示所有 HTTP 回环
whois www. example. com	在 whois 数据库中查找

附表 24　Microsoft windows 网络(samba)

命　令	说　明
mount -t smbfs -o username＝user,password＝pass //WinClient/share /mnt/share	挂载一个 Windows 网络共享
nbtscan ip_addr	netbios 名解析
nmblookup -A ip_addr	netbios 名解析
smbclient -L ip_addr/hostname	显示一台 Windows 主机的远程共享
smbget -Rr smb://ip_addr/share	像 wget 一样能够通过 smb 从一台 Windows 主机上下载文件

附表 25　IPTABLES(firewall)

命　令	说　明
iptables -t filter -L	显示过滤表的所有链路
iptables -t nat -L	显示 nat 表的所有链路
iptables -t filter -F	以过滤表为依据清理所有规则
iptables -t nat -F	以 nat 表为依据清理所有规则
iptables -t filter -X	删除所有由用户创建的链路
iptables -t filter -A INPUT -p tcp --dport telnet -j ACCEPT	允许 telnet 接入
iptables -t filter -A OUTPUT -p tcp --dport http -j DROP	阻止 HTTP 连出
iptables -t filter -A FORWARD -p tcp --dport pop3 -j ACCEPT	允许转发链路上的 POP3 连接
iptables -t filter -A INPUT -j LOG --log-prefix	记录所有链路中被查封的包
iptables -t nat -A POSTROUTING -o eth0 -j MASQUERADE	设置一个 PAT（端口地址转换）在 eth0 掩盖发出包
iptables -t nat -A PREROUTING -d 192.168.0.1 -p tcp -m tcp --dport 22 -j DNAT --to-destination 10.0.0.2:22	将发往一个主机地址的包转向到其他主机

附表 26　监视和调试

命　令	说　明
free -m	以兆为单位罗列 RAM 状态
kill -9 process_id	强行关闭进程并结束它
kill -1 process_id	强制一个进程重载其配置
last reboot	显示重启历史
lsmod	罗列装载的内核模块
lsof -p process_id	罗列一个由进程打开的文件列表
lsof /home/user1	罗列所给系统路径中所打开的文件的列表
ps -eafw	罗列 Linux 任务
ps -e -o pid,args --forest	以分级的方式罗列 Linux 任务
pstree	以树状图显示程序
smartctl -A /dev/hda	通过启用 SMART 监控硬盘设备的可靠性
smartctl -i /dev/hda	检查一个硬盘设备的 SMART 是否启用
strace -c ls ＞/dev/null	罗列系统 calls made 并用一个进程接收
strace -f -e open ls ＞/dev/null	罗列库调用
tail /var/log/dmesg	显示内核引导过程中的内部事件
tail /var/log/messages	显示系统事件
top	罗列使用 CPU 资源最多的 Linux 任务
watch -n1 'cat /proc/interrupts'	罗列实时中断

附表 27　其他

命　令	说　明
alias hh='history'	为命令 history(历史)设置一个别名
apropos … keyword	罗列一个包括程序关键词的命令列表,当你仅知晓程序是干什么,而又记不得命令时特别有用
chsh	改变 Shell 命令
chsh --list-Shells	用于了解你是否必须远程连接到别的机器的不错的命令
gpg -c file1	用 GNU Privacy Guard 加密一个文件
gpg file1. gpg	用 GNU Privacy Guard 解密一个文件
ldd /usr/bin/ssh	显示 ssh 程序所依赖的共享库
man ping	罗列在线手册页(例如 ping 命令)
mkbootdisk --device /dev/fd0 'uname -r'	创建一个引导软盘
wget -r www. example. com	下载一个完整的 web 站点
wget -c www. example. com/file. iso	以支持断点续传的方式下载一个文件
echo 'wget-c www. example. com/files. iso' | at 09:00	在任何给定的时间开始一次下载
whatis … keyword	罗列该程序功能的说明
who -a	显示谁正登录在线,并打印出:系统最后引导的时间、关机进程、系统登录进程以及由 init 启动的进程,当前运行级和最后一次系统时钟的变化

参 考 文 献

[1] 孟庆昌. Linux 基础教程[M]. 2 版. 北京:电子工业出版社,2007.

[2] 文东戈. Linux 操作系统实用教程[M]. 北京:清华大学出版社,2019.

[3] 张金石. Ubuntu Linux 操作系统[M]. 北京:人民邮电出版社,2019.

[4] 门佳. Linux 命令行大全[M]. 北京:人民邮电出版社,2021.